Florian Ion T. PETRESCU

VALORIFICAREA TRADIŢIEI INGINEREŞTI ROMÂNEŞTI-I

CREATE SPACE Publisher

USA-2016

Scientific reviewer:

Dr. Veturia CHIROIU
Honorific member of
Technical Sciences Academy of Romania (ASTR)
PhD supervisor in Mechanical Engineering

Copyright

Title: Valorificarea traditiei ingineresti romanesti

Authors: *Florian Ion T. PETRESCU*

© 2016, Florian Ion T. Petrescu

petrescuflorian@yahoo.com

ALL RIGHTS RESERVED. This book contains material protected under International and Federal Copyright Laws and Treaties. Any unauthorized reprint or use of this material is prohibited. No part of this book may be reproduced or transmitted in any form or by any means, electronic or mechanical, including photocopying, recording, or by any information storage and retrieval system without express written permission from the authors / publisher.

ISBN 978-1-5371-7798-4

SCURTĂ DESCRIERE

Prezenta carte îşi propune să discute despre ingineria românească, tradiţiile ei, valorificarea ei de-a lungul timpului în ţară dar şi în exterior, istoric, perspective şi continuitate.

Sunt „aduşi în vizor" marii noştri ingineri împreună cu realizările lor, modul în care ele au putut fi implementate şi dezvoltate atât în ţară cât şi în afară.

Există mai multe materiale referitoare la acest domeniu, însă ele au un caracter restrâns, particular, astfel încât lucrarea prezentată încearcă să stabilească nişte repere de referinţă în domeniu, împreună şi cu o mai bună stocare a cât mai multe date referitoare la acest subiect. Dorim să prezentăm şi cadrul real spaţial, temporar, în care s-au produs (realizat) „minunile" inventicii ingineriei româneşti. La cei mai mulţi dintre protagoniştii acestei cărţi, se vor prezenta şi câteva date biografice (foarte pe scurt, pentru a nu încărca prea mult lucrarea unui domeniu atât de vast).

CUPRINS

SCURTĂ DESCRIERE 003
CUPRINS 004
INTRODUCERE 005
1. VALORIFICAREA TRADIȚIEI INGINEREȘTI ROMÂNEȘTI. ISTORIC, PERSPECTIVE ȘI CONTINUITATE 007
   1.1. Nicola Tesla 007
   1.2. Henri Marie Coandă 027
   1.3. George (Gogu) Constantinescu 050
   1.4. Ion Basgan 072
2. INGINERIA ROMÂNEASCĂ PE ARIPILE VÂNTULUI 073
   2.1. Traian Vuia 073
   2.2. Aurel Vlaicu 077
   2.3. Alexandru Ciurcu 079
   2.4. Hermann Julius Oberth 080
   2.5. Elie Carafoli 084
   2.6. Anastase Dragomir 086
   2.7. Radu Manicatide 088
   2.8. Iosif Silimon 090
   2.9. Elena Caragiani-Stoenescu 092
   2.10. Petre Constantinescu 095
   2.11. Dumitru Dorin Prunariu 103
3. INGINERIA ELECTRONICĂ ȘI ELECTROTEHNICĂ ROMÂNEASCĂ PROMOTOARE ȘI A INFORMATICII, CIBERNETICII ȘI AUTOMATICII 117
   3.1. Nicolae Tiberiu-Petrescu 118
   3.2. Augustin Moraru 129
   3.3. Andrei Nicolaide 130
   3.4. Alexandru Timotin 130
   3.5. Toma Dordea 132
   3.6. Nona Millea 133
   3.7. Gheorghe Cartianu-Popescu 147

INTRODUCERE

Se spune că „românul e născut poet". Şi aşa este, dar am putea spune mai degrabă că „românul e născut şi inginer", având sădită în sine adânc, vocaţia de constructor, de inovator, de inventator.

Marile catedrale, frumoasele mănăstiri ctitorite, sau chiar bisericile şi bisericuţele (zidite, sau din lemn) atestă clar această vocaţie. După veacuri, „albastrul de Voroneţ" îşi mai păstrează încă culorile vii, chiar şi pe zidurile exterioare, bătute de ploi, ninsori, şi vânturi. Suveica, războiul de ţesut, roata olarului, morile de apă şi de vânt, instrumentele muzicale, fântânile cu cumpănă sau cu roată, uneltele agricole, casele tradiţionale româneşti cu cerdac şi pridvor, sunt numai câteva dovezi ale meşteşugurilor (inginereşti) populare de-a lungul timpului.

Încă de la începuturile civilizaţiei pe teritoriul României de azi, locuitorii acestor meleaguri au fost pionieri în creaţie şi s-au gândit la lucruri pe care alţii le-au aflat mult mai târziu.

Podul lui **Apolodor din Damasc** e una dintre minunile tehnicii antice de pe teritoriul României. A fost construit între anii 102 şi 105 după Hristos din ordinul împăratului Traian, de arhitectul şi constructorul roman, de origine greco-siriană, Apolodor (din Damasc) şi a „unit" Imperiul Roman cu Dacia. Podul era lung de 1.135 metri şi lat de 18 metri şi a fost executat din zidărie de piatră cu suprastructura şi parapetele din lemn de stejar. Între ultimele componente erau două mici viaducte, de asemenea executate cu bolţi de zidărie de piatră, iar la fiecare capăt al podului, deasupra culeei, se afla câte un portal impunător. Un picior al acestui pod se mai păstrează şi astăzi la Drobeta Turnu-Severin.

Constantin Brâncuşi (n. 19 februarie 1876, Hobița, Gorj — d. 16 martie 1957, Paris) a fost un sculptor român cu contribuții covârșitoare la înnoirea limbajului și viziunii

plastice în sculptura contemporană. Una dintre cele mai  renumite opere ale sale este „Coloana infinitului", pe care a realizat-o împreună cu inginerul Georgescu Gorjan.
Cel care a pus în practică ceea ce făcuse Constantin Brâncuși pe hârtie a fost inginerul **Ștefan Georgescu Gorjan**.
Coloana Infinitului are un nucleu metalic, tubular din profile cornier și plat-bande din oțel, asamblate în atelier.
    Construcția are trei tronsoane. Tronsonul de vârf este doar contravântuit. În tronsonul de bază Gorjan a folosit și nituri, iar în interiorul coloanei a fost turnat beton. Fundația coloanei are 5 metri adâncime și e realizată în trepte. Coloana a fost metalizată prin pulverizare de sârmă de alamă.

Nicolae Vasilescu-Karpen (n. 10 decembrie 1870, Craiova — d. 2 martie 1964, București), a fost un om de știință, inginer, fizician și inventator român. A efectuat o importantă muncă de pionierat în domeniul elasticității, termodinamicii, telefoniei la distanță, electrochimiei și a ingineriei civile. Membru titular al Academiei Române.
    În anul 1909, a propus pentru prima oară în lume, printr-o notă adresată Academiei de Științe din Paris, folosirea curenților purtători de înaltă frecvență pentru telefonia prin cablu la mare distanță. A realizat pilele Karpen, care funcționează folosind exclusiv căldura mediului ambiant.
    După aprecierea profesorului I. Solomon, președinte al Societății Franceze de Fizică - Vasilescu-Karpen "a inventat pila de combustie cu o jumătate de secol înainte ca oamenii să ajungă pe Lună datorită ei".

Autorul

1. VALORIFICAREA TRADIȚIEI INGINEREȘTI ROMÂNEȘTI. ISTORIC, PERSPECTIVE ȘI CONTINUITATE.

Nicola TESLA (10.iulie.1856 - 8.ianuarie.1943).

Marele savant Nikola Tesla a fost (și) român. Era istroromân de etnie și îl chema Nicolae Teslea, fiind cetățean de origine sârbo-croată, descendent din părinți (a)români (români macedoneni bănățeni, sau „Alexandro-români" cum li se mai spune cetățenilor români de etnie macedoneană, sau istroromână; istrioții provin din zona Croată a Serbiei, din peninsula Istria situată în nordul mării Adriatice; zona în decursul istoriei a fost cucerită și recucerită de nenumărate ori. După ce mai întâi a aparținut hiștrilor, a trecut la Imperiul Roman de Apus, a fost prădată de goți și de longobarzi, anexată regatului francilor, supusă ducilor din Carintia, apoi Meran, Bavaria, după care a trecut de patriarhul din Aquileia, a aparținut și de Republica Veneția, pentru ca apoi să treacă sub puterea Imperiului Austro-Ungar al Habsburgilor, cu o întrerupere în perioada împăratului Napoleon care și-a anexat-o însă pentru puțin timp. După primul război mondial a ajuns sub protecția Italiei, iar după al doilea război mondial a fost anexată de Serbia, când Tito cu sprijinul comuniștilor ruși a creat imperiul sârb Iugoslavia. La câțiva ani după ruperea „lagărului comunist" istrioții au revenit Croației. Printre comunitățile istriote, din zonă se află și istro-românii, veniți din Banat, Transilvania și Timoc.).

Nicolae Teslea, sau prescurtat Nicola Tesla (cum e cunoscut în general, americanilor unde geniul universal Nicola a rămas și și-a petrecut cea mai mare parte a vieții sale, venindu-le greu să pronunțe „Teslea"), este considerat inventatorul generatorului de curent alternativ și descoperitorul transmisiei de energie fără cablu. Lui i se datorează transmiterea energiei prin curenți alternativi monofazici, bifazici, polifazici și, transmiterea de energie fără cablu, prin unde (oscilații) electromagnetice în banda de frecvențe a curenților alternativi industriali (10^2-10^9 [Hz]), bandă ce se suprapune și cu cea a frecvențelor radio (banda radio fiind chiar ceva mai extinsă decât cea a curenților alternativi industriali).

Om de știință și inventator prolific în domeniul electro și al radiotehnicii, descoperitorul câmpului magnetic învârtitor (simultan cu italianul Galileo Ferraris, 1847-1897), Tesla a inventat și sistemul bifazat și polifazic de curenți electrici alternativi și a studiat curentul de înaltă frecvență. El a construit primele motoare asincrone bifazate, generatoarele electrice, transformatorul electric de înaltă frecvență etc. În atomistică, a cercetat fisiunea nucleelor atomice, cu ajutorul generatorului electrostatic de înaltă tensiune, fiind astfel și un pionier al energeticii nucleare bazate pe reacțiile de fisiune nucleară (a fost contactat și vizitat personal de Einstein referitor la cercetările sale din acest domeniu). Lucrând permanent în banda de curenți alternativi industriali, Tesla a dat inevitabil și peste undele radio ale căror frecvențe se suprapun cu cele ale curenților alternativi.

Chiar dacă Marconi a reușit primele transmisii radio peste ocean, cu puțin înaintea lui Tesla, totuși la baza realizărilor sale au stat tot patentele și lucrările lui Tesla, pe care Marconi le studiase amănunțit. Dealtfel tot Tesla este primul și principalul constructor al primelor mari și foarte mari posturi de radio din lume. În 1899, Tesla construiește la Colorado un mare post de radio, cu o putere de 200 kw, realizează transmisii de telegrafie fără fir, la distanțe de peste 1000 km, și reușește să obțină tensiuni de 12 milioane de volți, cu ajutorul cărora produce primele descărcări electrice (fulgere) artificiale.

Conduce prima navă fără echipaj prin unde radio, de la distanță, într-o demonstrație publică, pe coastele oceanului, la New York.

Transmite energie concentrată prin unde electromagnetice la mare distanță, energie pe care o utilizează pentru alimentarea unor consumatori aflați la distanță sau pentru comanda de la mare distanță.

Tesla se ocupă de obținerea de energie naturală, de producerea unor cutremure artificiale pe baza unor energii uriașe utilizând unde de frecvențe foarte scăzute (Tesla este primul care a determinat cu precizie frecvența de rezonanță a planetei noastre), de accelerarea particulelor nucleare la energii foarte ridicate și direcționarea lor sau a microundelor concentrate în fascicule (raze mortale) capabile să atingă și distrugă o țintă la mare distanță (avion, rachetă, navă, etc).

Propune construcția unui scut defensiv, care să apere America, dar chiar și planeta, la nevoie (actualul scut american de apărare a Terrei este o continuare a muncii sale). ***Imaginează, prezintă și proiectează transmisiile informatice audio-video de tip wireless*** (era însă mult prea devreme pentru implementarea lor în masă, tehnologiile fiind mult în urma descoperirilor lui; piesele existente atunci erau lămpile și tuburile, neexistând cipurile, nici circuitele integrate, nici măcar tranzistorii).

Putem considera negreșit că Tesla este de fapt adevăratul „Părinte al informaticii".

Profesorul univ. asoc. dr. ing. *Dinu-Ștefan T. Moraru*, membru titular al Academiei Oamenilor de Știință din România, mărturisește în ziarul „Formula AS" din 11 ianuarie 1999:

<< *Într-o discuție cu Henri Coandă, înregistrată pe magnetofon, marele savant mi-a declarat personal că îl cunoscuse pe Teslea:* "Eu l-am cunoscut pe Teslea, când eram tânăr de tot, prin tatăl meu (Generalul Constantin Coandă - n.n.), care a fost întotdeauna lângă mine. Nicolae Teslea, care este inventatorul curentului electric alternativ, era român din Banat (era aromân - n.n.); e bănățean, și felul lui de a gândi și

de a vedea, m-a frapat enorm de mult. El era cu patru luni mai tânăr față de tatăl meu, dar nu pot să spun că nu am fost influențat și de el, pentru că felul lui de a vorbi și de a prezenta lucrurile erau așa de extraordinare încât, deși eram copil, n-am uitat. Vezi, unul din românii foarte importanți, care a schimbat poate toată viața omenirii, e un bănățean!...". Dacă acum, să zicem 150 de ani, s-ar fi spus, ar fi venit cineva să ne spună cum spunea Teslea Nicolae, Teslea, românul din Banat: "Voi face lumină electrică, adică lumină, voi face asta mișcând o bucată de fier în fața unui fir de aramă", lumea l-ar fi închis ca nebun. Întâlnirea lui Coandă cu Teslea s-a petrecut în 1893, când Teslea se afla în țară, datorită morții mamei sale. Era deja celebru în lumea întreagă, în România însă mai puțin.>>

Nicola Tesla (cea mai genială minte a acestei planete, de până acum, acest inginer, de etnie română, istro-română, bănățeană), a venit pe lume într-o vreme în care energia electrică era vizibilă numai acelor suficient de norocoși să-i vadă fasciculele scânteietoare pe cerul întunecat de ploi și furtuni.

Odată cu inventarea generatorului de curent alternativ, a descoperit și calea prin care să aducă energia electrică în fiecare colț al globului și a pornit un adevărat război cu *Thomas Alva Edison* pentru ca acest lucru să devină realitate. În plus, a descoperit radioul și chiar a avut câteva tentative de a contacta viața extraterestră.

Stilul său de viață enigmatic a intrat în legendă, fiind probabil perceput ca mai mult decât excentric. Adevărul este că a dorit și a și reușit, ca prin invențiile sale să se ajungă la o lume mai bună.

Casa în care s-a născut Nikola Tesla

Marele savant și inventator Nicolae Teslea (Nikola Tesla) s-a născut în noaptea de 9 spre 10 iulie 1856, în timpul unei furtuni teribile (cu tunete și fulgere uriașe), ca fiu al preotului ortodox Milutin Teslea și al Gicăi Mandici. Familia tatălui era o familie de grăniceri antiotomani, în fostul imperiu austro-ungar.

Numele inițial de familie era Drăghici, dar el a fost înlocuit în timp, prin porecla de Teslea, după meseria transmisă (moștenită din tată în fiu) de dulgher (teslar).

Milutin avea un frate, Iosif, militar de carieră, care după absolvirea școlii de ofițeri a predat matematică în diferite școli militare, ca până la urmă să ajungă profesor la Academia de Război din Viena.

Tatăl lui Teslea, inițial, și el elev la școala militară, și-a schimbat repede profesia, trecând la seminarul teologic, devenind preot ortodox în 1845, când s-a însurat cu Gica. Biserica în care a slujit inițial părintele Teslea se găsea în comuna Similian, în provincia Lica, cu centrul la Gospici.

Henri Coandă îl prezintă pe marele inventator Tesla ca român bănățean din Banatul sârbesc, dar realitatea era că prietenul său Nicolae era istro-român din Croația. Provincia Lica era locuită de istro-românii morlaci, încă din sec. XV-XVI. Gospici se afla la câțiva kilometri de țărmurile Mării Adriatice, iar satul Similian la 12 km de Gospici, satul fiind patria lui Tesla.

Preotul, om cult și citit, se interesa cu precădere de literatură, filosofie, științe naturale și matematică. Încercarea de desnaționalizare i-a adunat pe morlaci sub stindardul bisericii ortodoxe.

Mama lui Teslea, Gica Mandici (româncă și ea după nume), rămăsese orfană de mică copilă, și a trebuit să se întrețină singură ba chiar să mai aibă grijă și de cei șase frați mai mici ai ei. Tatăl său a refuzat s-o trimită la o școală în limbă străină, dar ca autodidactă și-a completat cultura ca elevă a soțului ei. În casa preotului se strânsese o vastă bibliotecă din felurite domenii (mai mult științifice). Gica era vestită mai ales pentru frumoasele broderii pe care le făcea.

Teslea a mai avut un frate mai mare, Dan (sau Dane), mort tânăr într-un accident, și trei surori: Milca, Angelica (Anghelina), și mezina Marica, pe care a iubit-o cel mai mult.

Nicola și-a petrecut copilăria într-o așezare idilică, rurală, împreună cu Dane, fratele său mai mare și cele trei surori cu care se juca adesea pe câmpurile înverzite, alături de animalele din gospodăria familiei.

Despre familia Teslea s-ar putea povesti mult. Nicolae, inventatorul, și-a făcut studiile la Karlovat și la Politehnica din Graz (1875-1881).

Își începe celebrele descoperiri și invenții încă din 1881-1882 la Graz, la Budapesta, la Paris, în cadrul Companiei Edison (1882) la Strasbourg (1884), după care pornește în vajnica odisee americană.

Invenția fenomenului "câmp electric învârtitor" se naște în 1882 la Budapesta, dar imediat, în baza unei recomandări, Tesla pleacă la Paris, unde este angajat la "Compania continentală Edison".

Aici, modifică dinamo-mașina Edison. În cadrul aceleiași companii, construiește centrala electrică Strasbourg. Deși i se promiseseră 25.000 dolari la încheierea dificilei lucrări, a fost frustrat de gratificații.

Nikola Tesla - 1884

Unul din asistenții lui Edison, Charles Bechelore, îi propune să emigreze în America și îi dă o scrisoare de recomandare pentru Edison personal (1884).

După unele peripeții (i s-au furat banii în gara Le Havre), se adresează proprietarului vasului, care îi înțelege situația (biletul și locul îi aparțineau, fiind nominalizate), și pe baza documentului de bord este primit și astfel, fără bilet, ajunge la New York, unde se prezintă direct la Edison.

Este primit cu dificultăți și răceală, dar pe baza recomandării scrise, este angajat în atelierele companiei, ca inginer-electrician pentru repararea motoarelor și generatoarelor de curent continuu Edison.

Prima întâlnire dintre cei doi „vrăjitori aducători de lumină" a avut loc în cadrul noului laborator al lui Edison, situat pe strada Goerck.

Tesla era încântat că avea șansa să-l întâlnească pe marele inventator, cunoscut drept „*Vrăjitorul din Menlo Park*", Menlo Park fiind locul unde se afla laboratorul din *New Jersey* unde Edison a dezvoltat cele mai faimoase invenții ale sale, fonograful și becul cu lumină incandescentă.

Însă curând în cadrul întâlnirii, s-au putut observa diferențele fundamentale dintre acești doi bărbați.

Tesla, un european care se putea mândri cu manierele sale impecabile și cu modul elegant de a purta o conversație, a fost șocat atunci când a dat peste un tip mai grosolan (și chiar puțin bădărănos).

Edison s-a interesat de contele *Dracula*, dată fiind apropierea locului de baștină al lui Tesla de *Transilvania* și chiar a mers până acolo încât l-a întrebat pe oaspetele său dacă „*a gustat vreodată carne de om*". Tesla a fost oripilat de remarcile grosolane ale lui Edison și i-a răspuns scurt și sec, că „Nu".

Cu toate acestea, Tesla a avut mereu o admirație certă pentru geniul lui Edison care realizase atâtea în beneficiul omenirii, cu o pregătire pe care și-o făcuse singur, fiind lipsit aproape total de educația școlară. Tesla, care studiase mai multe limbi și petrecuse ore întregi în compania cărților din biblioteci, când tocmai începuse să creadă că irosise prea mult timp studiind domenii care nu-i folosiseră personal la nimic, la scurt timp, a realizat însă că metodele rudimentar-primitive ale lui Edison erau mult prea inferioare capacității sale de a rezolva problemele din faza de proiect, dinainte de a începe realizarea propriu-zisă a prototipurilor (Cum să-l compari pe Edison, dat afară din primele clase primare, și rămas fără nici-o pregătire teoretică, cu Nicola Tesla care pe lângă faptul că era un supergeniu, în plus fusese școlit în mai multe universități europene de tradiție, având deja mai multe diplome, de la mai multe facultăți).

O situație neprevăzută îl face să se remarce în mod deosebit (1885). Transatlanticul Oregon, dotat cu generator Edison, care se defectase, trebuia să plece spre Europa la dată fixă; avea toate locurile vândute și întârzierea le-ar fi adus armatorilor mari pagube (pe care ar fi trebuit să le suporte și compania lui Edison care asigura montajul și garanția componentelor sistemului electric de putere). Firma lui Edison îl însărcinează pe Tesla să repare generatorului într-un timp cât mai scurt; Tesla descoperă scurt-circuitul generatorului în spirele înfășurării bobinei pe care o și remediază rapid, rebobinând-o în numai 20 de ore. Edison îi promisese un premiu de 50.000 dolari dacă defecțiunea este îndepărtată în timp util permițând plecarea vasului la data prenotată (dacă remedierea nu s-ar fi făcut la timp, pierderile lui Edison ar fi fost mult mai mari decât recompensa promisă tânărului inginer de etnie română).

Nava pleacă la timp datorită supraeforturilor tânărului inginer Tesla, compania Edison scapă cu „fața curată", (altfel ar fi pierdut niște sume uriașe de bani), dar Tesla nu primește nimic din partea lui Edison, nimic altceva decât o explicație: fusese o glumă. Curând, Edison avea să-i râdă în nas, atunci când Tesla i-a solicitat să-i achite cei 50.000 de dolari promiși. Marele inventator i-a spus: „ *Ai rămas doar un parizian. Atunci când vei deveni un american cu acte în regulă, vei ști să apreciezi o glumă americană.*" În mod sigur, Tesla nu a apreciat niciodată acea glumă așa zis „americană", chiar dacă într-o zi avea să devină cetățean american.

Nici alte gratificații promise, de exemplu pentru perfecționarea generatoarelor și motoarelor electrice Edison în 24 de variante, înzestrate cu un regulator și un nou tip de întrerupător, nu i se acordă.

Între timp Tesla a părăsit compania lui Edison și a reușit să-și înființeze o companie proprie. Edificat asupra conduitei lui Edison, Tesla va lucra de acum înainte pe cont propriu și va realiza definitivarea sistemului său original, bazat pe curenți alternativi polifazați. *Trecerea timpului îi dă dreptate lui Tesla în competiția sa cu Edison și treptat, teza sa privind curentul alternativ reușește să se impună.*

Din primăvara lui 1885, Tesla refuză să mai colaboreze cu Edison și lucrează independent, înființându-și propria firma, "Tesla Electric Light and Manufacturing Company".

În timp ce Tesla obținea patent după patent pentru sistemul de curent alternativ, a început să se dezvolte o competiție acerbă între companiile electrice pentru a forma un parteneriat cu scopul de a deține drepturile asupra patentului celui mai eficient sistem de energie alternativă. La început nu a fost destul de clar cine va reuși să iasă învingător – fie că era vorba de sistemul patentat de Tesla sau de sitemul unuia dintre contemporanii săi, precum William Stanley (acesta era responsabil cu dezvoltarea sistemului Gaulard-Gibbs la compania lui George Westinghouse) sau Elihu Thomson (de la Thomson-Houston Electric Company, un inventator prolific care dezvoltase pe cont propriu un sistem de curent alternativ asemănător celui lui Tesla).

În mai 1888, Thomson și Tesla au avut un schimb de replici faimos în cadrul unei prezentări făcute în fața Institutului American al Inginerilor Electricieni (AIEE). După ce Tesla a prezentat sistemul de curent alternativ care dovedea faptul că se putea distribui energie electrică la sute de kilometri depărtare de sursă (un dezavantaj major al sistemului de curent continuu dezvoltat de compania lui Edison, era că putea distribui electricitate la cel mult un kilometru distanță), Thomson, un inventator meticulos, implicat în industria energetică americană de mult mai multă vreme decât Tesla, a venit în fața adunării și a făcut referire la un dispozitiv pe care îl dezvoltase și care, se pare, era aproape identic cu cel construit de Tesla.

Totuși, dispozitivele „aproape identice" întruneau toate diferențele din lume, fapt demonstrat cu abilitate de Tesla în fața distinsei adunări.

În timpul acelei dezbateri aprinse, Tesla s-a dovedit a fi adevăratul câștigător în fața audienței formate din cele mai prestigioase figuri ale ingineriei electrice. Thomson nu s-a amuzat deloc de verdictul comunității inginerești și tot restul vieții a fost un inamic neîmpăcat al lui Tesla

Recunoașterea certă a lui Tesla în realizarea sistemului curentului electric alternativ, superior celorlalte sisteme propuse de alți inventatori, inclusiv față de dispozitivul cu comutator al lui William Stanley, l-a determinat pe George Westinghouse, un om foarte influent în industria energiei electrice și renumit pentru previziunile sale vizavi de transformările industriale, să ia în calcul posibilitatea construirii unui parteneriat cu Nicola Tesla, înainte ca altcineva să se gândească la acest lucru. În iulie 1888, Westinghose a aranjat o întâlnire cu Tesla la Pittsburgh, pentru a negocia achiziționarea patentelor pentru invențiile sale.

Westinghouse a fost într-adevăr un partener desăvârșit pentru Tesla, și cum în scurt timp a reușit să-și crească de patru ori vânzările companiei electrice pe care o deținea, Westinghouse a fost în măsură să și plătească o sumă de bani rezonabilă pentru utilizarea patentelor lui Tesla. Este dificil de determinat cu precizie care a fost suma pe care a primit-o Tesla pentru patentele sale din partea lui Westinghouse, dar pentru utilizarea acestora între anii 1888-1897, aceasta se apropia de 100.000 de dolari americani. Luând în calcul rata inflației, această sumă convertită în moneda de azi se ridica la mai multe milioane de dolari.

În primăvara anului 1888, alternatorul (generatorul de curenți alternativi) era deja cunoscut și răspândit, faima lui Tesla depășise granițele Americii, iar prietenul cel mai bun al lui, George Westinghouse (ziarist, om de afaceri, și colaborator apropiat și permanent al lui Tesla) îi plătea regulat sume frumoase pentru patentele sale transpuse în practică, astfel încât Tesla s-a mutat din apartamentul închiriat în New York într-unul dintre hotelurile supraetajate din Pittsburgh, în care va locui de atunci încolo.

Acest fapt a marcat începutul afinității de-o viață a lui Tesla pentru locuitul la hotel.

În consecință a demarat cercetările privind transmiterea de energie fără cablu, o idee revoluționară prin care spera să schimbe modul de viață al omenirii.

Din 1889 până în 1891, Tesla a continuat să se întâlnească cu prietenul său, scriitorul Thomas C. Martin pentru a-l determina să-l sprijine în proiectele sale. La scurt timp, Martin avea să publice o pagină întreagă despre Tesla, subliniind personalitatea unui inventator în plină afirmare şi sistemul uluitor de curent alternativ produs de acesta.

Între timp Tesla, a început să facă experimente intense, folosindu-se de propriul corp sau de cel al prietenilor, pentru a-şi desăvârşi invenţia. În faţa unei audienţe numeroase a condus

un experiment pe parcursul căruia a făcut să lumineze două tuburi fluorescente pe care le ţinea în mână. Curioşi să ştie dacă Tesla a fost rănit în urma experimentului, cei prezenţi l-au întrebat dacă resimte vreo durere, la care acesta a replicat: *„Uneori am parte de o arsură accidentală, dar asta e tot."*

Experimentul va fi repetat apoi de nenumărate ori şi mai târziu, inclusiv cu viitorul său bun prieten, deja celebrul scriitor Mark Twain (care apare în fotografia de mai jos cu globul energetic între mâinile sale, în timp ce Tesla îl priveşte din fundal-stânga).

La sfârşitul anului 1891, Tesla a primit vestea că mama lui era grav bolnavă. La auzul veştii, a plecat imediat spre Gospici, unde s-a întâlnit cu cele trei surori ale sale şi cu mama suferindă, aflată în pat şi incapabilă să se deplaseze. Mama lui a murit în aprilie 1892, la câteva luni după sosirea sa. Tesla a fost atât de copleşit de durere, încât părul de pe partea dreaptă a capului i-a albit aproape instantaneu. Mama lui avusese o influenţă pozitivă în viaţa sa şi-i transmisese, fără îndoială o parte din latura ei creativă. Ulterior, a rămas în Gospici câteva săptămâni pentru a se odihni. În mod ciudat, a fost una dintre puţinele perioade din viaţa sa când a stat departe de munca sa.

    La un an de la întoarcerea din Gospici, în februarie 1893, Tesla împreună cu Martin au plecat la convenţia Asociaţiei Naţionale pentru Energie Electrică, pe parcursul căreia marele inventator avea să expună multe dintre creaţiile sale, inclusiv sistemul polifazic de energie alternativă, modalitatea prin care se putea distribui energie electrică alternativă.
    Una dintre invenţiile pe care le-a prezentat atunci a rămas cunoscută sub numele de „*bobina lui Tesla*", prin intermediul căreia o sarcină de electricitate era transmisă în eter, producând ceea ce părea a fi un fulger luminos de culoare purpurie care traversează încăperea. Tesla a avertizat audienţa că sarcinile electrice „*nu oferă nici un inconvenient, cu excepţia faptului că la sfârşit se simte o senzaţie de arsură în vârful degetelor.*"
    După astfel de demonstraţii incredibile de desfătare a privirilor, Tesla a câştigat o mare popularitate în mass-media. Cotidianul New York Herald i-a luat un interviu, în care acesta

a remarcat că o dată „*a fost electrocutat de o sarcină electrică având o tensiune de peste 300.000 de volți, o cantitate de energie care dacă ar fi primit-o în alt mod, l-ar fi omorât instantaneu.*" Uimitoarea bobină a lui Tesla a însemnat actul de naștere al unui nou domeniu al științei, care pentru cei mulți incapabili să înțeleagă fenomenul a devenit doar un mit și o știință SF.

În același an (1893), George Westinghouse, cel mai apropiat partener de afaceri al lui Tesla a câștigat un contract de iluminat pentru Expoziția Universală de la Chicago. Era un succes major pentru Westinghouse care suferise pierderi majore în urma propagandei mincinoase inițiate cu câțiva ani înainte de către Thomas Edison împotriva lor și a curenților alternativi. Westinghouse i-a cerut imediat ajutorul lui Tesla pentru a crea un sistem de iluminat necesar evenimentului, iar acesta a acceptat fără rezerve. Bineînțeles, cei doi aveau nevoie de becuri cu lumină incandescentă pentru a crea acest sistem, dar Edison le interzisese lui Westinghouse și Tesla să se folosească de patentele invențiilor sale. Din fericire, Westinghouse deținea un patent pentru un alt tip de bec care putea servi scopului lor. Timpul pus la dispoziția lor pentru pregătirea cu succes a sistemul de iluminat al expoziției era total insuficient. Contractul pentru realizarea primei hidrocentrale din lume pe cursul Niagarei se afla în negocieri, iar Westinghouse spera să scoată o avere de pe urma acestuia. O întreprindere reușită în cadrul expoziției îi garanta că acel contract urma să fie al său, iar Tesla urma să proiecteze acel sistem.

Expoziția Universală de la Chicago (1893) - Orașul Chicago este iluminat cu ajutorul curentului alternativ

În ziua de 1 mai s-a deschis Expoziția Universală de la Chicago. Pavilioanele expoziționale ce se întindeau pe o suprafață de peste șapte sute de acri au reunit peste 60.000 de expozanți, costurile ridicându-se la fabuloasa sumă de peste 25 milioane de dolari americani (vechi). În total, circa 28 milioane de oameni au vizitat „Orașul Alb", majoritatea dintre ei zărindu-l pe Tesla care stătea în cabina tehnică a expoziției de unde urmărea mulțimile de oameni uimiți de sistemul său de iluminat public, fără cablu. După expoziție, faima căpătată de Tesla a adus la lumină și toate celelalte invenții ale sale.

Anul următor, în 1894, Tesla l-a întâlnit prin intermediul lui Thomas C. Martin pe Robert Underwood Johnson, editorul Century Magazine, omul care avea să-i devină cel mai apropiat confident.

Johnson împreună cu soția sa Katharine, păreau să-l venereze pe Tesla ca pe un zeu, fiind complet fascinați de personalitatea sa, de geniul său, de munca lui neîntreruptă. Cuplul avea legături (sus-puse) în înalta societate new-yorkeză, întâlnindu-se în mod regulat cu personalități precum scriitorul Mark Twain, omul politic Theodore Roosevelt viitorul președinte al USA, etc. De acum Tesla își găsise mai mulți „îngeri păzitori", iar lucrurile începeau să intre pe un făgaș normal.

Tot în 1894, Tesla se va confrunta cu cea mai mare încercare din viața sa – testarea sistemului polifazic de energie alternativă la amenajarea hidrografică de la Cascada Niagara și distribuția energiei electrice către orașul Buffalo, New York, aflat la câteva zeci de kilometri mai încolo. Până în acel moment, numai sistemul de curent continuu inventat de Edison reușea să transporte energie electrică la distanță, alimentând iluminatul public la maxim un kilometru de centrala producătoare de energie.

Statuia lui Nicola Tesla la Cascada Niagara

Edison venise cu un plan pentru a distribui energie electrică sub formă de curent continuu în orașul Buffalo, obținută prin forța imensei căderi de apă, dar pentru o distanță mai mare de circa un kilometru planul său nu s-a dovedit fezabil. Automat a rămas în competiție numai Tesla cu metoda sa cea nouă.

În acest moment psihologic, magnatul **J.P. Morgan**, care investise odinioară în compania lui Edison, a decis să investească de acum alături de **Westinghouse**, favorizând astfel sistemul de curent alternativ al lui **Tesla**. Acest eveniment s-a dovedit a fi un imbold serios pentru continuarea proiectului. Proiectul a avut nevoie de trei ani pentru a fi finalizat, iar în 1896, sistemul polifazic de curent alternativ al lui Tesla a distribuit energie electrică pentru prima dată în lume la o distanță apreciabilă față de centrala producătoare. Istoricul eveniment este comemorat printr-o placă amplasată în apropierea cascadei Niagara, unde sunt gravate atât numele lui Tesla, cât și cel al lui Westinghouse.

Chiar înainte ca Proiectul Niagara să fie dezvăluit, Tesla începuse să se bucure de o atenție sporită din partea mass-mediei. Invențiile sale erau prezentate în numeroase articole din Century Magazine, New Science Review, și New York Times, toate relatând într-o manieră elogioasă despre marile sale teorii și ultimele lui descoperiri.

Unul dintre articolele apărute în Times susținea că *„nu poate exista o dovadă mai bună a calităților practice ale geniului său inovator"*.

Datorită colaborării lui Westinghouse cu J.P. Morgan, Tesla avea de acum acces la eșaloanele superioare ale lumii corporatiste.

Tesla părea să aducă la viață orice invenție pe care o gândea și o dorea.

În primăvara lui 1898, Tesla demonstrează public dirijarea prin radio, la mare distanță, a unui vas fără echipaj. Experiențele au fost efectuate în largul mării, în apropiere de New York (un alt mare succes public al său).

În 1899, Tesla construiește la Colorado un mare post de radio, cu o putere de 200 kw, *realizează transmisii prin telegrafie fără fir, la distanțe de peste 1000 km*, și reușește să obțină tensiuni de 12 milioane de volți, cu ajutorul cărora *produce fulgere artificiale.*

Transmite energie concentrată prin unde electromagnetice la mare distanță, energie pe care o utilizează pentru alimentarea unor consumatori aflați la distanță sau pentru comanda de la mare distanță.

În noul secol, Tesla se ocupă de obținerea de energie naturală, de producerea unor cutremure artificiale pe baza unor energii uriașe utilizând unde de frecvențe foarte scăzute, de accelerarea particulelor nucleare la energii foarte ridicate și direcționarea lor sau a microundelor concentrate în fascicule (raze mortale) capabile să atingă și să distrugă o țintă aflată în mișcare la mare distanță (avion, rachetă, navă, etc). Raza sa mortală mai subțire decât firul de păr putea transporta la distanțe foarte mari energii uriașe, penetrând prin orice. A construit și o minirază pentru un bisturiu medical cu laser.

Propune construcția unui scut defensiv, care să apere America, dar chiar și planeta, la nevoie.

În noiembrie 1933, recent emigrat în SUA, Albert Einstein află de cercetările lui Tesla asupra fisiunii nucleare și caută să-l cunoască îndeaproape.

Tesla imaginează și proiectează transmisiile audio, video de tip wireless (era însă mult prea devreme pentru implementarea lor; lipsa banilor, a tehnologiilor necesare, lipsa susținerii și a înțelegerii în sensul că nu găsea specialiștii capabili să-l înțeleagă și ajute, teama ca nu cumva aceste invenții să fie folosite nu pentru oameni ci tocmai împotriva lor, războiul și vârsta îl întârzie și opresc nu atât de la realizarea cât mai mult de la implementarea lor).

Tesla a pus la punct proiectul scutului spațial care se construiește abia acum. Acesta e menit să apere nu doar America ci întreaga planetă de o eventuală invazie extraterestră, de atacuri cu diferite arme, rachete și explozibili ce ar putea să ne atace în viitor, dar el va trebui în special să aibă capabilitatea de a ne proteja și de eventualele corpuri prea mari (asteroizi, comete, meteoriți, etc) ce plutesc prin spațiu și care ar putea să se apropie de planeta noastră (de nava noastră mamă) reprezentând pentru ea și pentru noi un pericol real.

Tesla a reușit să și producă cutremure locale.

Tesla a imaginat un sistem de supraveghere prin care să se capteze orice semnal extraterestru codificat. Tot el a pus la punct un mecanism de transmitere de semnale către extratereștri pentru a putea eventual să intrăm în legătură cu ei.

Lui i se datorează radioul, televizorul, internetul, telefonia mobilă, etc.

Sistemele computerizate moderne nu ar fi fost posibile fără contribuțiile sale. La fel și toate transmisiile de date (de informație), de comenzi, și de energie la distanțe foarte mari, fără fire (prin unde electromagnetice).

Sistemele de navigare moderne utilizate cu precădere la navele aerospațiale, dar și la aeronave, la navele maritime, etc, au la bază tot invențiile sale. Transportul modern și GPS-ul îi sunt datoare într-o foarte mare măsură.

Luminarea efectivă a orașelor și a întregii lumi (cu fire sau fără fire), i se datorează aproape în totalitate.

Transmiterea de energie dar și de putere inclusiv la mare distanță se bazează tot pe invențiile sale.

Tesla a produs primele fulgere artificiale.

De asemenea, în 1915, Tesla oferise guvernului USA proiectul unei rachete dirijate, mult mai perfecționată decât celebra V2 a lui Hitler.

Tesla a realizat primele acceleratoare de particule, primele fisiuni nucleare, și primele reacții nucleare.

Din păcate tot lui i se datorează (și lui) și primele experimente nucleare, care au condus mai târziu, chiar fără voia lui, și la crearea primelor arme atomice și nucleare, utilizate și experimentate inițial de america tocmai pe planeta noastră care în viziunea sa trebuia apărată și nu distrusă.

Ar mai fi multe de povestit despre activitatea creativă a lui Nicola Tesla, un geniu extrem, despre care mulți credeau că este de origine extraterestră. Ne vom opri însă aici. Cel mult am mai putea aminti doar și încercările sale nereușite de a produce energie la infinit, mai întâi prin extragerea unei părți din energia înmagazinată în pământ; sau de cercetările sale în domeniul câmpurilor gravitaționale cu scopul anihilării lor controlate, ori de proiectele sale de a face invizibil un obiect sau o ființă.

Nicolae Teslea (Nikola Tesla), părăsește lumea aceasta, la New York, în noaptea de 7-8 ianuarie 1943 și este înmormântat la 12 ianuarie.

Prin personalitatea sa covârșitoare, prin geniul său enigmatic și strălucitor, Tesla a marcat două secole consecutive, lăsându-ne o moștenire tehnico-științifică și practică fabuloasă.

Realizările minții sale au schimbat total lumea în care trăim, dar și modul nostru de viață, aducându-ne „de la întunericul adânc, la lumina desăvârșită".

La 40 sau la 60 de ani Tesla arăta aproape la fel de tânăr ca și atunci când avea 20 de ani (Se povestește că nu îmbătrânea datorită unui dispozitiv inventat de el, un dispozitiv cu lumină mov, care ar fi avut capacitatea de a regenera celulele și țesuturile umane).

Henri Marie Coandă (7.iunie.1886 – 25.noiembrie.1972)

Academician și inginer român, pionier al aviației, fizician, inventator, inventator al motorului cu reacție și descoperitor al efectului care îi poartă numele.

Primul „Coandă" atestat din satul Strehaia a fost în anul 1630, Vlădoianu Coandă. Din aceeași sursă (primăria Strehaia) aflăm că Matei Coandă era ocrotitorul lui Iancu Jianu, haiducul apărător al celor oropsiți.

Henri Coandă s-a născut la București la 7 iunie 1886, fiind al doilea copil al unei familii numeroase (Henri mai avea patru frați și două surori, în total șapte copii). Tatăl lui fusese generalul Constantin Coandă, fost profesor de matematică la *Școala națională de poduri și șosele* din București și fost prim-ministru al României pentru o scurtă perioadă de timp în 1918. Mama sa, Aida Danet, a fost fiica medicului francez Gustave Danet.

Încă din copilărie viitorul inginer și fizician era fascinat de *miracolul vântului*, după cum își va aminti mai târziu. Henri Coandă a fost mai întâi elev al Școlii *Petrache Poenaru* din București, apoi al Liceului *Sf. Sava* 1896 unde a urmat primele 3 clase, după care, la 13 ani, a fost trimis de tatăl său, care voia să-l îndrume spre cariera militară, la Liceul Militar din Iași 1899. Termină liceul în 1903 primind gradul de sergent major și își continuă studiile la *Școala de ofițeri de artilerie, geniu și marină* din București.

Deși în familia lui au fost mulți militari remarcabili, el considera cariera militară ca mediocră și avea dorința de a deveni inginer. Urmând glasul conștiinței, a plecat în Germania în anul 1904-1905 şi s-a înscris la Universitatea Regală – Technische Hochschule Charlottenburg, de lângă Berlin, de unde a obţinut titlul de inginer mecanic, apoi a urmat cursuri universitare la Liège (Belgia) şi la Şcoala Superioară de Electricitate de la Montefiore (Italia), de unde a obţinut diploma de inginer specialist în electrotehnică.

În 1908 se întoarce în ţară şi e încadrat ofiţer activ în *Regimentul 2 de artilerie*. Datorită firii sale şi spiritului inventiv care nu se împăcau cu disciplina militară, el a cerut şi obţinut aprobarea de a părăsi armata, după care, profitând de libertatea recâştigată, a întreprins o lungă călătorie cu automobilul pe ruta Isfahan - Teheran - Tibet. La întoarcere pleacă în Franţa şi se înscrie la *Şcoala superioară de aeronautică şi construcţii*, nou înfiinţată la Paris 1909, al cărei absolvent devine în anul următor 1910, ca şef al primei promoţii de ingineri aeronautici.

După terminarea studiilor a lucrat la şantierele din Nisa, conduse de celebrul inginer Gustav Eiffel. Doctoratul în inginerie l-a susţinut cu mare succes la Charlottenburg. Cu sprijinul inginerului Gustave Eiffel şi savantului Paul Painlevé, care l-au ajutat să obţină aprobările necesare, Henri Coandă a efectuat experimentele aerodinamice prealabile şi a construit în atelierul de carosaj al lui Joachim Caproni primul avion cu propulsie reactivă de fapt un avion cu reacţie, fără elice, numit convenţional Coandă-1910 pe care l-a prezentat la al doilea *Salon internaţional aeronautic* de la Paris 1910.

În timpul unei încercări de zbor din decembrie 1910, pe aeroportul Issy-les-Moulineaux de lângă Paris, aparatul pilotat de Henri Coandă a scăpat de sub control din cauza lipsei lui de experiență, s-a lovit de un zid de la marginea terenului de decolare și a luat foc. Din fericire, Coandă a fost proiectat din avion înaintea impactului, alegându-se doar cu spaima și câteva contuzii minore pe față și pe mâini. Pentru o perioadă de timp, Coandă a abandonat experimentele datorită lipsei de interes din partea publicului și savanților vremii.

Între 1911-1914 Henri Coandă a lucrat ca director tehnic la *Uzinele de aviație* din Bristol, Anglia și a construit avioane cu elice de mare performanță, de concepție proprie. În 1912 unul dintre ele (un proiect de avion bimotor - pâna atunci avioanele aveau un singur motor) câștigă premiul întâi la *Concursul internațional al aviației militare* din Anglia.

Prin fabricarea aparatului numit Bristol-Coandă, uzina a devenit una dintre cele mai importante uzine constructoare de avioane din lume, care a vândut aparatele sale în Germania, Italia, Spania și chiar România.

În următorii ani se întoarce în Franța. În anii 1914-1918, Henri Coandă lucrează la "Saint-Chamond" și "SIA-Delaunay-Belleville" din Saint Denis. În această perioadă proiectează trei tipuri de aeronave, dintre care cel mai cunoscut este avionul de recunoaștere *Coandă-1916*, cu două elici apropiate de coada aparatului.

Coandă-1916 este asemănător cu avionul de transport *Caravelle*, la proiectarea căruia de fapt a și participat. Dă viață unei sănii-automobil propulsată de un motor cu reacție și unui prim tren aerodinamic din lume.

În 1926, în România, Henri Coandă pune la punct un dispozitiv de detecție a lichidelor în sol, utilizat în special pentru prospectarea petroliferă.

În 1934 obține un brevet de invenție francez pentru *Procedeu și dispozitiv pentru devierea unui curent de fluid ce pătrunde într-un alt fluid*, care se referă la fenomenul numit astăzi *„Efectul Coandă"*, constând în devierea unui jet de fluid care curge de-a lungul unui perete convex, fenomen observat prima oară de el în 1910, cu prilejul probării motorului cu care era echipat avionul său cu reacție.

Acest efect a avut și are și astăzi aplicații prețioase în tehnica zborului. Astfel cele mai moderne aparate de zbor, utilizează efectul Coandă pentru o sustenanță mai bună în timpul zborului la viteze reduse și pentru un confort și siguranță sporite.

În imaginea de mai jos se prezintă un super-greu modern proiectat cu ajutorul efectului Coandă (e vorba de aeronava C-17 Globemaster III).

Avionul C-17 Globemaster III utilizează efectul Coandă pentru a realiza o călătorie confortabilă la viteze mici de zbor

Şi modelele Hercules C4 utilizează astăzi efectul Coandă.

Şi modelele Hercules C4 utilizează astăzi efectul Coandă

Avionul McDonnell Douglas YC-15 utilizează deasemenea efectul Coandă pentru a realiza o călătorie confortabilă la viteze mici de zbor.

Avionul McDonnell Douglas YC-15 utilizează deasemenea efectul Coandă pentru a realiza o călătorie confortabilă la viteze mici de zbor

Helicopterele NOTAR au înlocuit coada clasică împreună cu rotorul clasic cu o coadă proiectată conform efectului Coandă.

Helicopterele NOTAR au înlocuit coada clasică împreună cu rotorul clasic cu o coadă proiectată conform efectului Coandă

Mai multe aeronave, în special Boeing YC-14 (primul tip modern de a exploata efectul), au fost construite pentru a profita de acest efect, prin turbofans montate pe partea de sus a aripii, pentru a furniza o curgere rapidă a fluidelor pe lângă fuselaj, stabilitate cu echilibru, şi o mai bună dinamică a navei chiar şi la viteze mici de zbor.

Aeronavele Boeing YC-14 utilizează deasemenea efectul Coandă

Această descoperire l-a condus pe Coandă la importante cercetări aplicative privind hipersustentația aerodinelor, realizarea unor atenuatoare de sunet și altele. Coandă a fost implicat direct și indirect în realizarea a diferite proiecte secrete, realizate în USA, Canada și Marea Britanie, cu începere după cel de al doilea război mondial (fondurile primite pentru terminarea acestor proiecte strict secrete s-au amplificat și mai mult în perioada războiului rece).

Canada „Avro VZ-9 Avrocar" a fost un avion VTOL dezvoltat de Avro Aircraft Ltd. (Canada), ca parte a unui proiect secret american militar efectuat în primii ani ai războiului rece.

Avrocar erau destinate să exploateze efectul Coandă pentru a oferi ridicare și tracțiune de la un singur "turborotor", și suflare de evacuare din marginea aeronavei în formă de disc pentru a oferi manevrabilitate extremă și rapidă (instantanee) VTOL-ului crescându-i mult performanțele.

În aer, ar fi semănat chiar cu o farfurie zburătoare.

Două prototipuri au fost construite ca "proof-of-concept" vehicule de testare pentru un luptător USAF mai avansat și, de asemenea, pentru Armata SUA (avioane de luptă tactice).

La testarea de zbor, Avrocar s-a dovedit a avea unele probleme nerezolvate la forța de tracțiune dar și unele probleme de stabilitate, fapt pentru care numărul navelor construite a fost mult limitat, iar ulterior proiectul a fost anulat în septembrie 1961.

Prin istoria programului, proiectul a fost menționat de un număr de nume diferite (Alte proiecte). Avro s-a referit la eforturile ca proiect Y, cu vehicule individuale, cunoscut sub numele de Spade şi Omega. Proiectul Y-2 a fost mai târziu finanţat de către US Air Force, care s-a referit la ea ca WS-606A, proiect 1794 şi Bug Silver proiect. Atunci când Armata SUA a aderat la eforturile pentru definitivarea proiectului AVRO, proiectul şi-a căpătat numele său final "Avrocar", iar denumirea "VZ-9" pentru o parte din proiecte VTOL ale armatei SUA referitoare la seria VZ.

Avrocar a fost rezultatul final al unei serii de proiecte de cercetare denumite „Cerul albastru", proiectate de designerul "Jack" Frost, care s-a alăturat echipei AVRO Canada în iunie 1947 după ce lucrase anterior asemenea lui Coandă pentru mai multe firme britanice. El a fost cu Havilland din 1942 şi lucraseră împreună la modelele Havilland de Hornet, Havilland Vampire (avion de vânătoare) şi aeronava Havilland Înghiţitorul, el fiind chiar designerul şef pentru modelele supersonice. La Avro Canada, el a lucrat la Avro CF-100 înainte de a crea o echipă de cercetare cunoscută sub numele de "Grupul de Proiecte Speciale" (mai cunoscut sub numele de SPG). În primul rând Frost şi-a creat o echipă specială de ingineri inteligenţi, apoi s-a ocupat de crearea unui nou loc de muncă. Iniţial aranjat în "Penthouse" (porecla companiei pentru aripa executive) din clădirea administraţiei, SPG a fost ulterior mutat într-o structură de vizavi de sediul societăţii de construcţii Schaeffer, care a fost asigurată cu securitatea maximă (paznici, uşile încuiate şi carduri speciale pentru fiecare trecere, etc). Oricum, SPG, opera de asemenea, într-un Hangar separat, special amenajat, departe de orice posibili privitori, experimentele făcându-le împreună doar cu alte echipe AVRO (care lucrau tot la proiecte similare).

La acea vreme, Frost a fost deosebit de interesat în proiectarea motoarelor cu reacţie şi de modalităţile de îmbunătăţire a eficienţei compresorului fără a sacrifica însă simplitatea motoarelor cu turbină. El a descoperit fluxul inversat al lui Frank Whittle şi a fost interesat şi de noile modalităţi de "curăţare". Acest lucru l-a condus la proiectarea unui nou tip de motor care trimitea flăcările direct în afara marginii exterioare a compresorului centrifugal, arătând spre exterior ca spițele unei roți. Puterea compresorului a fost obținută de la un nou tip de turbină similară cu un ventilator centrifugal, spre deosebire de cele mai tipice propulsoare (cum ar fi turbina), determinând astfel compresorul să utilizeze angrenaje mai degrabă decât un arbore. Motorul care a rezultat astfel nu a mai avut nici axa de împingere convențională, fiind aranjat în formă de disc mare, pentru care Frost s-a referit la el ca la un "motor clătită." Jetul de tracțiune ieșea (țâșnea) de jur împrejurul motoruluit, lucru care a prezentat probleme la încercarea adaptării motorului la o aeronavă tipică.

În același timp, industria aeronautică în ansamblu a fost din ce în ce mai interesată pentru aeronavele VTOL, sau pentru modele similare lor. Era de așteptat ca orice viitor război european sau asiatic, să înceapă cu un schimb de atacuri nucleare, care ar distruge din start cele mai multe baze aeriene, astfel încât noile tipuri de aeronave ar trebui să poată să funcționeze de la orice baze aeriene, limitate, drumuri sau câmpuri, chiar baze (zone) nepregătite. Eforturi de cercetare considerabile au fost depuse în diverse soluții care să fie capabile să preia și să lanseze cea de-a doua lovitură. Toate aceste soluții cuprindeau nave capabile să se lanseze de oriunde, fără necesitatea unui aeroport sau chiar a unei piste de lansare, aeronave cu decolare verticală, rachete, etc. A doua lovitură (al doilea impact după primul impact nuclear) trebuia să fie făcut cu rachete tot nucleare, unele dintre ele lansate de pe avioane aflate în zbor (cum ar fi lansarea conceptului de lungime zero), în timp ce multe companii au început să lucreze la aeronave VTOL ca reprezentând o mai adecvată soluție pe termen lung.

Frost a simțit că performanța excelentă a motorului său nou ar fi o potrivire naturală pentru o aeronavă VTOL datorită raportului său foarte ridicat (prevăzut de altfel) putere/greutate. Problema era cum să folosească forța de tracțiune circulară pentru de a conduce nava înainte (drept), precum și problema de montare a motorului foarte mare într-un cadru (structură) adecvat(ă). Frost a sugerat folosind o serie de orificii redirecționarea forței de curgere din "fața" motorului către partea sa din spate, deși era bine cunoscut faptul că canalizarea lungă duce la o pierdere de putere de împingere. În scopul de a menține "conductele" cât mai scurte posibil, proiectul a scos forța în afară de-a lungul marginii, rezultând o foarte mare delta aripă. Cum motorul era în formă de disc, forma triunghiulară era "împinsă în afară" în apropiere de față, producând o platformă asemenea unei cazmale. Din acest motiv, designul a fost, de asemenea, menționat ca "Avro Ace", o referire probabil la Asul de pică. Compresorul de admisie a fost situat la mijlocul motorului, astfel încât prizele de aer pentru motoare s-au situat chiar în fața centrului, pe partea de sus și partea de jos a aeronavei. Cabina de pilotaj a fost poziționată deasupra lagărului principal, în spatele prizelor. Mai multe versiuni ale altor structuri de bază au fost de asemenea studiate, inclusiv "Omega", care era mai mult pe disc.

Pentru operațiunile VTOL aeronava era de așteptat să stea în sus susținută de picioare lungi, care coborau din coloana vertebrală a navei (de pe axa navei). Aterizarea s-ar fi realizat la un unghi foarte mare, făcând vizibilitatea în acest timp foarte dificilă. Un număr de alte experimente VTOL din acea epocă au încercat diverse alte soluții la această problemă, inclusiv prin rotația piloților și a cabinei, dar nici unul nu s-a dovedit foarte eficient. O altă problemă cu diversele experimente VTOL a fost că stabilitatea navei în timpul plutirii era destul de redusă fiind dificil de realizat (inclusiv echilibrarea ei mai ales la viteze mici sau la opririle în aer la o anumită înălțime). O soluție la această problemă ar necesita ca forța de tracțiune să fie îndreptată în jos pe o zonă (suprafață) mai mare, asemenea unui elicopter, unde ascensiunea este asigurată de întreaga suprafață a rotorului (elicei principale). Cei mai mulți designeri au apelat la oprirea aerului de la compresorul motorului, și conducerea lui prin multiple conducte dispuse în jurul navei.

Designul motorului lui Frost utiliza un număr atât de mare de duze laterale pentru sustentație încât nu era prea ușor de construit practic.

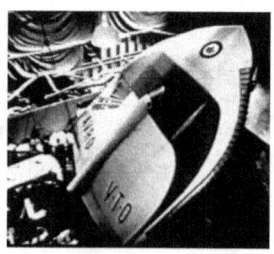

Nava VTOL proiectul Y era capabilă să zboare cu 2400 km/h și să urce rapid perfect vertical

În 1952, designul era destul de avansat așa încât consiliul canadian de cercetare în domeniul apărării printr-un efort suplimentar (cu un contract de 400.000 de dolari) a reușit să refinanțeze proiectul, menținându-l în viață. Prin 1953 o machetă a proiectului Y a fost finalizată (vezi figura de mai sus). Se pare însă că proiectului Y a fost considerat prea costisitor în cadrul unității militare de care depindea direct, și care era la momentul respectiv implicată în mai multe astfel de proiecte extrem de scumpe (de apărare aeriană). La 11 februarie 1953, o poveste cu privire la proiect împreună cu imagini despre proiectul Omega, a fost prezentată pe larg de către Toronto Star (aparent cu scopul de a obține finanțare suplimentară, o strategie pe scară largă utilizată în SUA la acea vreme, cunoscută sub numele de politica de presă). Rezultatul: cinci zile mai târziu, ministrul de producție al Apărării a informat Camera Comunelor că Avro era într-adevăr un model de tip „farfurie zburătoare", capabil să zboare cu 2400 km/h și să urce pe verticală. Cu toate acestea, finanțarea suplimentară a proiectului nu a mai existat.

Proiectul Y a continuat încet numai cu finanțarea inițială, iar Frost a devenit între timp interesat și de efectul Coandă, în cazul în care fluxurile de fluid vor urmări formele puternic convexe. Frost a simțit că efectul Coandă ar putea fi utilizat împreună cu motoarele sale pentru a produce o aeronavă VTOL mai practică, mai stabilă printr-o soluție mai ieftină și mai simplă, prin îndreptarea fluxurilor de fluid exterioare ca să urmărească profilul convex al navei iar apoi să scape (să fie îndreptate în jos). Acest lucru ar produce o forță de ridicare superioară și distribuită în mod egal (uniform) pe marginea întregii aeronave, permițându-i acesteia să aterizeze "plat". El a produs un număr de modele mici, experimentate apoi cu ajutorul aerului comprimat în loc de un motor, în scopul de a selecta o formă de platformă cât mai adecvată, și în cele din urmă a decis că un disc ar fi cea mai bună soluție.

Cum Frost a continuat aceste experimente, el a constatat că același sistem de tracțiune direcție destinat operațiunilor VTOL a lucrat la fel de bine pentru zborul înainte. În acest caz, forma de disc nu a fost de la sine o suprafață de ridicare bună, așa cum a fost neutră în ceea ce privește direcția de ridicare, deoarece forma aceasta ar acoperi lateral la fel de repede ca și cum ar acoperi înainte. Cu toate acestea, prin modificarea fluxului de aer, cu aplicarea unei mici cantități de împingere cu jet, fluxul de aer de ansamblu asupra ambarcațiunii ar putea fi modificat în mod dramatic, creând un fel de "paletă virtuală" de orice configurație necesară. De exemplu, prin direcționarea chiar și a unei cantități mici de jet de tracțiune în jos, o masă mare de aer ar fi trasă peste suprafața superioară a aripii și ar spori considerabil fluxul peste aripă, prin crearea efectului de lift.

Aceasta soluție cu utilizarea efectului Coandă a apărut pentru a oferi o soluție la una dintre problemele cele mai supărătoare ale epocii, proiectarea unei aeronave care să fie eficace la viteze subsonice și supersonice în același timp. Ascensorul subsonic este creat de curgerea aerului în jurul aripilor, dar liftul supersonic este generat de undele de șoc la punctele de curbură critice. Un singur design nu ar putea oferi o înaltă performanță pentru ambele regimuri. Discul suflat ar putea rezolva această problemă, fiind prevăzut numai pentru performanță supersonică, si urmând apoi a folosi jeturi de tracțiune pentru a modifica fluxul de aer la regimurile subsonice creînd astfel o aparență de o aripă normală. Design-ul rezultat va fi reglat pentru performanță înaltă în regimurile supersonice, reușind să realizeze totodată performanțe rezonabile subsonice, oferind astfel VTOL toate reglajele într-un design unic.

La sfârşitul anului 1953, un grup american de experţi pe probleme de apărare a vizitat Avro Canada pentru a vedea noul jet CF-100 de luptă. Frost le-a prezentat modelele AVRO VTO Y-2 (poza din dreapta-jos), şi Avrocar (poza din stânga-jos).

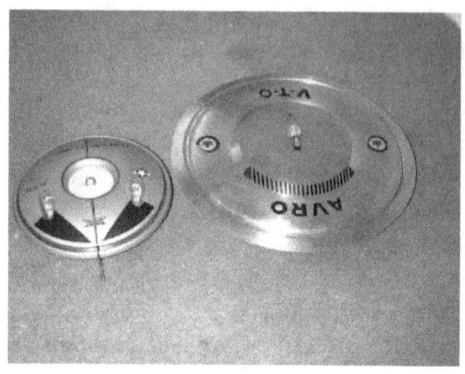

Modelele Avro VTO Y-2 (dreapta) şi Avrocar (stânga)

USAF a fost de acord să preia finanţarea pentru Grupul Proiecte Speciale, al lui Frost, întocmind imediat şi un contract de $ 750,000 SUA valabil până în 1955. Prin 1956 managementul Avro primeşte încă 2.5 milioane dolari pentru a construi "privat venture" prototip, iar în martie 1957, Air Force a adăugat finanţare suplimentară, iar aeronava a devenit arma „System 606A", fabricată (comandată) acum în serie.

Revenind la Coandă care după al doilea război mondial a fost implicat în diverse proiecte militare secrete ale armatei USA, cele mai multe dintre ele fiind încă neaccesibile, putem să mai spunem despre domnia sa că de-a lungul vieții sale s-a dovedit un talentat muzician, sculptor, inventator și descoperitor al unor legi naturale, cu care s-a făcut cunoscut în toată lumea. Încă din copilărie cânta la violoncel. Ca elev la Iași, concerta într-un cvartet de muzică de cameră, iar ca student la Berlin, a cântat la violoncel în celebra orchestră simfonică a capitalei germane. Tot la Berlin, Henri Coandă a fost elevul renumitului maestru, sculptorul german Rudolf Marcusse, iar la Paris a lucrat în atelierul lui August Rodin, unde a realizat câteva sculpturi și unde s-a împrietenit cu marele și genialul creator al sculpturii moderne, Brâncuși.

Dar nu a neglijat nici sportul. Tânărul doctor inginer, salariat la Uzinele Krupp din Essen, a participat la concursurile de călărie organizate pe hipodromul din Berlin, unde s-a calificat la probele de obstacole și viteză pentru amatori.

Ca savant și inventator, este autorul a 250 de invenții importante, pentru care a obținut 700 de brevete de proprietate intelectuală și protecție în numeroase țări ale lumii.

Pasiunea lui cea mai mare a fost aviația (aeronautica). În tinerețea lui aviația era la începuturi. Avea 19 ani când a construit la Arsenalul Armatei din Dealul Spirei (București) macheta unui avion propulsat de o rachetă. La 20 de ani, la Montefiore, împreună cu un coleg, Caponi, a construit un planor cu care au și zburat.

La 22 de ani a realizat proiectul avionului fără elice, construit cu bani proveniți din economiile tatălui său. Acest avion, primul din lume fără elice, a fost lansat în ziua de 16 decembrie 1910 (când Coandă avea numai 24 ani), pe câmpul de aviație de la Yssy-les-Moulineaux, de lângă Paris, după ce a fost privit cu deosebită curiozitate de vizitatorii salonului aeronautic din acel an. Pe un afiș desenat de inventator apare tot pentru prima dată termenul de turbopropulsor.

Aparatul de zbor desenat și construit de H. Coandă era un biplan cu aripi suprapuse, reunite prin două perechi de bare din țeavă de oțel. Fuselajul, cu o lungime de 12,50 m, avea o formă cilindrică, fiind îmbrăcat în lemn de mahon bine lustruit. Aripile erau confecționate dintr-un schelet metalic învelit în placaj din lemn de mahon. Motorul de 50 CP, era fixat pe partea anterioară a fuselajului într-un cilindru și acționa turbopropulsorul în care pe o axă comună erau mai multe elici. Greutatea totală a aparatului era de 420 kg. A fost botezat Avionul Coandă 1910. Avionul a zburat, dar a luat foc și a ars. Pilotul s-a ales cu leziuni corporale, fracturi la antebraț și de atunci nu a mai putut să cânte la violoncel și nici să sculpteze. Dar aviația lumii întregi l-a adoptat, l-a perfecționat și îl produce industrial în zeci de mii de exemplare care zboară în atmosfera terestră transportând anual milioane de pasageri și cantități uriașe de marfă. În anul 1914 a inventat primul tun fără recul, destinat avioanelor de luptă. În anul 1918 a conceput primele elemente prefabricate din beton pentru construirea de locuințe, invenție premiată cu medalia de aur la expozițiile de la Paris, Nisa, Padova. După o scurtă vizită în țară, după ce a fost în zona petrolieră Valea Prahovei, a inventat un dispozitiv de extracție a petrolului prin gaz-lift, mai simplu și cu eficiență mare, față de dispozitivele similare.

Pentru desalinizarea apei de mare în vederea utilizării ca apă potabilă în zonele deșertice apropiate de mare, a inventat un dispozitiv care utilizează energia solară, format dintr-o oglindă de 15 m^2, care putea purifica 1500 l/zi, utilizând o cantitate de energie echivalentă cu benzina dintr-o brichetă.

În anul 1934 a descoperit un fenomen fizic necunoscut până atunci, aducând o importantă contribuție la patrimoniul cunoștințelor fundamentale ale omenirii, care a pus bazele mecanicii fluidelor, citat în tratatele de specialitate ca efectul Coandă. Efectul se regăsește în: frâna cu recul pentru armele de foc; dispozitivul pentru îmbunătățirea randamentului motorului cu combustie internă; propulsia vehiculelor aeriene; turbinele cu gaze; amplificatoarele cu fluide; amortizoarele de zgomote, s.a. Acest efect a fost brevetat în Franța cu titlul „Procedeu pentru devierea unui fluid în alt fluid".

În anul 1935, pe baza efectului Coandă, inventatorul a construit Aerodina lenticulară, discul zburător (având forma unui OZN), care apoi a suferit multe îmbunătățiri, și care mai este și în prezent experimentat în secret de NASA, în alte forme mai avansate chiar decât proiectele preluate de USA de la AVRO Canada.

Să ne oprim puțin atenția asupra uneia dintre cele mai revoluționare invenții ale lui H. Coandă - *aerodina lenticulară - avionul secoluluil XXI*.

În vara anului 1969, aflat în vacanță în țara sa natală, Henri Coandă afirmă: "...am numeroase preocupări ...acum, dintre toate problemele, cele mai acute pentru mine sunt cele legate de avionul ce va fi construit pe baza aerodinelor lenticulare, așa-numitele farfurii zburătoare, tot un rezultat al aplicării acestui efect...". De fapt, încă în articolul publicat în nr. 32 din 1965 al revistei ICARE a piloților de linie din Franța, Henri Coandă, după ce a descris principiul aerodinei lenticulare, sublinia o idee revoluționară, legată de propulsia noului mijloc de zbor: "...Se poate ca, pornind de la descoperirea plasmei făcută de Langmuire, unii să fie pe cale de a găsi un nou mijloc de a o orienta și dirija decât câmpul magnetic...". Și iată că, foarte recent, cercetătorul norvegian Leik Myrabo, de la Institutul Rensselaer a (re)demonstrat că forma optimă care se adaptează cel mai bine din punct de vedere tehnic la cerințele zborului cu viteze foarte mari o reprezintă aerodina lenticulară, aceasta fiind, în concepția inginerului aerospațial norvegian, forma viitoarelor vehicule rapide de zbor ale secolului al XXI-lea.

Mai mult, sunt opinii conform cărora industria constructoare de aparate de zbor aerospațial urmează a fi revoluționată de teoria formulată de inginerul Myrabo. Acesta, ajutat de fizicianul rus Yuri Raizer, a elaborat ipoteza așa-numitului „pisc aerospațial". În principiu, concepția vizează folosirea unei noi forme de manifestare a energiei, care ar proveni din prelucrarea și controlarea mediului ce conturează vehiculul aerospațial lenticular aflat în zbor cu viteze foarte mari. În acest context, "piscul aerospațial" ar urma să fie declanșat prin lansarea unui fascicul de microunde sau de radiații laser, capabil să provoace un fenomen intens și continuu de ionizare a mediului ambiant. Acest proces provoacă eliberarea unei mari cantități de energie care, pentru a nu se manifesta exploziv și deci distructiv, chiar pentru emițătorul de radiații, va fi transmisă sub forma unor unde de deflagrație succesive, similare unor pulsații succesive de energie, al căror rezultat va fi o undă de șoc de formă paraboloidală.

Acest "paraboloid energetic" va înconjura ca un înveliș protector aparatul de zbor aerospațial (fără a-l atinge și deci a-i transmite temperatura sa foarte ridicată), ceea ce, în final, va conduce la reducerea substanțială a forțelor de frânare aerodinamică cu consecințele termodinamice nedorite ale acesteia.

Desigur, un specialist de talia savantului Coandă nu putea să nu recunoască excepționalele perfecționări aduse avionului modern de performanță, capabil să evolueze în stratosferă cu viteze corespunzând la Mach - 3, dar el considera că acest proces a fost obținut cu imense eforturi intelectuale și cheltuieli de energie.

Cu excepția avionului supersonic englez Harrier, capabil să evolueze și la punct fix, pe lângă decolarea și aterizarea verticală, aviația nu a putut rezolva problema zborului "la punct fix", pe care Coandă a soluționat-o prin crearea aerodinei lenticulare.

De altfel, încă din anul 1932 Coandă era preocupat de aerodinele lenticulare: 2 brevete obținute în Franța și unul, în 1936, în România. Acest ultim brevet, intitulat "perfecționări aduse propulsoarelor", cuprinde și desenul unei aerodine lenticulare în forma și concepția acelor ani. Încă pe atunci Coandă a formulat principiul aerodinei sale lenticulare: "...astfel se va putea realiza un gradient de presiune statică în jurul unui corp simetric, astfel încât suma presiunilor luate cu semnele lor să conducă la o rezultantă cel puțin egală cu greutatea corpului respectiv și orientată astfel încât să-l susteneze...am căutat să obțin și să mențin presiunea atmosferică. Continuându-mi încercările, am ajuns să obțin rezultate foarte bune, deoarece era relativ ușor ca pe unele suprafețe reduse să obțin diferențe de presiune care puteau ajunge până la echivalentul a 9000 [kg/m^2] sau și mai mult, iar aceste rezultate s-au obținut folosind presiuni ale fluidului de lucru în amonte de fantă de 1,5 [atm (2,5ata)]". În ceea ce privește fanta, aceasta avea deschideri variind între o treime și o jumătate de centimetru. Fără îndoială, experiența trebuia astfel să fie pregătită încât în nici un fel mediul ambiant să nu ia locul vidului care, în aceste condiții, era obținut într-o proporție de circa 90%. Era absolut necesară continuitatea fantei, care să aibă forma circulară sau ovoidală, pentru eliminarea "pierderilor marginale". Îmi amintesc că în asemenea condiții, aerul se destindea de la presiunea atmosferică la valoarea unei depresii însemnate, ajungea la viteza de până la 530 m/s, ceea ce provoca salturi de temperatură chiar de ordinul a 100 grade Celsius, însoțite de apariția unor unde de șoc".

Aceste rânduri scrise de Coandă au reprezentat o magistrală descriere a modului în care a apărut ideea aerodinelor lenticulare, a principiului de funcționare al acestora, vehicule aeriene capabile să se mențină în aer fără să posede componente în mișcare față de mediul în care urmau să se deplaseze. Cu această ocazie, savantul a ținut să sublinieze principalele probleme care trebuiau soluționate pentru ca noile aerodine lenticulare să devină cu adevărat mijloace de zbor autonome și lipsite de pericol: asigurarea stabilității în orice manevră de zbor și menținerea pe intradosul "farfuriei zburătoare" a presiunii atmosferice. Savantul a ținut să afirme că în timpul experimentelor efectuate cu modele de aerodine la scară redusă a găsit și a aplicat soluții satisfăcătoare pentru aceste probleme. Practica a descoperit și alte dificultăți, printre care alimentarea cu fluid la parametrii necesari ai fantelor, iar aici dificultățile au devenit aproape fără număr.

Înainte de a menționa câteva din rezultatele obținute chiar cu machetele de aerodine în anii 1932-1936, Coandă a mărturisit că soluționarea problemelor practice puse de alimentarea fantei "...a așteptat trei decenii până la apariția compresoarelor TURBOMECA și a motoarelor cu pistoane libere tip Pescara, pentru ca să ajung foarte aproape de soluție cu minimum de repere mecanice în mișcare și fără zgomote...".

Întrucât Coandă a făcut experiențe pe machete, el a putut să argumenteze comportarea jeturilor de fluid (aer) care erau intens absorbite în zona depresionară, fiind astfel realizate viteze locale de deplasare a fluidului supersonic (Mach cuprins între 1,2 și 1,3), evident la altitudinea practic nulă, și chiar unele unde de șoc relativ slabe, care erau însoțite de creșterea până la 100 [^{0}C] a temperaturii fluidului mobil. Astfel a fost conceput un nou tip de aparat de zbor care avea formă discoidală, de unde și denumirea relativ improprie de „farfurie zburătoare" preluată din literatura fantastică.

Aceasta era o structură de zbor ca un disc, bombat în regiunea centrului de simetrie și care se putea menține la punct fix sau putea să evolueze cu viteze mari în oricare direcție.

Deoarece prin avionul supersonic HARRIER, având o tracțiune puternic vectorizată, era îndeplinită o parte din aceste deziderate, trebuie subliniat că în plus față de Harrier aerodinele lenticulare au posibilitatea să-și modifice, în timpul zborului, direcția în care doresc să evolueze, în sensul că aceste schimbări de direcție se fac brusc, și direct (fără viraje)!

Problemele stabilității, orientării și dirijării acestor aerodine lenticulare l-au preocupat pe Coandă timp de peste 3 decenii; o parte din ideile sale a fost concretizată prin brevetul francez nr. 1156516, publicat la 19 mai 1958, care se referea la o aerodină de forma unui disc, capabilă să se mențină sau să evolueze în altitudine "la punct fix" și care avea un grad ridicat de autostabilitate.

În compunerea acestor aerodine au fost incluse mai multe ajutaje interioare tip Coandă, destinate să absoarbă aerul de pe partea dorsală a aparatului și apoi să-l evacueze cu viteză către sol în vederea sustentării și efectuării manevrelor de urcare sau de coborâre a aparatului.

Coandă a obținut autostabilizarea machetei de "farfurie zburătoare" pe care a conceput-o, printr-o dispunere specială a ajutajelor, astfel încât prelungirile axelor lor longitudinale să fie concurente în centrul de presiune al aparatului, situat deasupra centrului de greutate al acestuia.

În ceea ce priveşte deplasările aerodinei, acestea erau obţinute prin jeturile din ajutaje amplasate corespunzător la periferia discului zburător. O atenţie deosebită a fost acordată coeficienţilor de ejecţie ai ajutajelor, respectiv creşterii rapoartelor dintre masele de aer ambiant.

Referitor la metodologia de comandă a mişcărilor acestor aerodine lenticulare în condiţiile evoluţiilor verticale, Coandă a ţinut să sublinieze că principala atenţie trebuie acordată realizării unei automatici destinate corelării care trebuie asigurate între intensitatea şi direcţia jeturilor destinate efectuării acestor manevre. În acest sens, Coandă a propus un ansamblu automat de comandă simultană a elementelor de sustentaţie şi de direcţionare a ajutajelor amplasate la periferia aparatului de zbor, având cunoscuta formă discoidală.

O anumită soluţie a fost inclusă în brevetul francez nr. 1158539, publicat la 16 iunie 1958. Semnificativ este faptul că, în conformitate cu calculele efectuate de însuşi Coandă, prin utilizarea a două turbocompresoare "Tramontane" fabricate de firma franceză TURBOMECA s-ar putea atinge teoretic o viteză ascensională de până la 2 km/minut, respectiv aproape 33 m/s, valoare care depăşeşte performanţa realizată de avionul de luptă al marinei militare americane McDonnell Douglas SKYHAWK!

Într-una din convorbirile consemnate de fostul ziarist şi scriitor V. Firoiu, Henri Coandă s-a referit direct la aerodinele lenticulare şi la prima aeronavă care urma să cuprindă asemenea aerodine, grupate în jurul unui fuselaj cilindric, amplasat în centrul de presiune al ansamblului celor patru forţe sustentatoare care apăreau pe discurile respective. Coandă a ţinut atunci să afirme: "…cred că ceea ce se cuvine de reţinut, între caracteristicile acestei noi maşini de zburat, este că nu posedă nici o piesă mecanică în mişcare, fiind astfel destinată unei vieţi îndelungate şi unei întreţineri dintre cele mai puţin costisitoare. Este un aparat uşor care va cântări sub o tonă, realizând viteze de până la 800 km/oră, cu o rază de acţiune de cca 5000 km, folosind drept carburant propanul… Privilegiul decolării de oriunde şi al aterizării la verticală elimină obligativitatea aerodromurilor… inclusiv a sistemelor de căi de acces spre aerodromuri... Nu peste mult timp, întâiul avion discoidal va aduce răspuns la numeroase întrebări legate de viitorul aviației..."

Pentru înțelegerea acestui aspect este necesară punerea în evidență a organizării și funcționării ajutajelor de tip interior. Alimentarea cu aer a acestor ajutaje este asigurată printr-o cameră inelară, fanta de alimentare fiind prevăzută cu o "buză", al cărui profil brevetat odată cu efectul Coandă asigură deviația datorită regiunii depresionare astfel create.

Depresiunile pe suprafața "buzei" menționate mai sus, la ieșirea din spațiul inelar, pot ajunge la 0,8 atm.

Consecința acestei depresiuni cu valoare ridicată este evidențiată, pe de o parte, de variația rapidă a vitezei fluidului care se scurge către zona depresionară, iar pe de altă parte, printr-o sucțiune consistentă de aer din mediul ambiant care determină antrenarea unei mase de aer considerabile.

Acest fenomen inductiv, realizabil fără utilizarea unor repere mecanice în mișcare, este caracteristic ajutajelor de tip Coandă.

Asemenea schemă a eliminat orice sistem care ar putea prezenta un pericol de instabilitate a aerodinei.

Amplasarea centrului de presiune deasupra celui de greutate a condus la concluzia că depresiunea de pe extradosul unui asemenea vehicul aeronautic cu centrul de greutate foarte coborât nu este singura responsabilă pentru soluționarea funcționabilității respectivului vehicul aerian.

Principala problemă în evoluția pe verticală a unei aerodine lenticulare este ca în situația formei sale specifice să fie capabilă să-și mențină echilibrul în orice condiții.

Faptul că organizarea vehiculului aerian lenticular trebuie să asigure o proiecție pe orizontală perfect simetrică a permis lui Coandă să aleagă forma circulară. O asemenea soluție a asigurat analiza elipsoidului de revoluție, la care două axe se află în același plan orizontal. Încă în brevetul francez nr. 1156516/19 mai 1958 Coandă s-a oprit asupra unei aerodine de formă discoidală, capabilă să evolueze la verticală în plane cu diferite înclinări și la punct fix, ceea ce a implicat o stabilitate aproape automată. Organizarea acestei aerodine a inclus numeroase ajutaje, prin care aerul de pe extrados este trimis către partea inferioară, ceea ce asigură sustentația și celelalte manevre menționate. Stabilitatea aerodinei este asigurată de amplasarea ajutajelor deja menționate de așa manieră, încât axele lor longitudinale converg într-un punct situat deasupra centrului de masă al aerodinei.

Alimentara ajutajelor cu aer în timpul zborului presupune existența unui ansamblu generator de energie plus compresor, aspirația acestuia efectuându-se din zona dorsală a vehiculului. În varianta propusă de Coandă, centrala de putere urma să cuprindă un generator termic, masele de gaze calde antrenând aer prin aspirație și apoi prin ejecție din mediul ambiant și contribuind astfel la o funcționare optimă a ajutajelor.

În ultimii ani ai vieții Coandă a inventat un dispozitiv pentru ameliorarea funcționării motoarelor cu combustie internă și s-a ocupat de una dintre cele mai importante probleme ale zborului interplanetar - antigravitația.

Henri Coandă revine definitiv în țară în 1969 ca director al *Institutului Național de creație științifică și tehnică* (INCREST), iar în anul următor, 1970, devine membru al Academiei Române.

Pe data de 25 noiembrie 1972, la vârsta de 86 de ani, în București, Henri Marie Coandă ne părăsește, „efectuând ultimul său zbor, din lumea aceasta – către o lume mai bună!"

Lumea a învățat de la el să zboare; mai bine, mai repede, mai ușor, mai comod, mai sigur, și în condiții mai dificile, mai mult, mai departe...! Coandă ne-a dăruit tuturor un nou mijloc de transport.

George (Gogu) Constantinescu (4.octombrie.1881 – 11.decembrie.1965)

Om de știință și inginer român, deseori considerat a fi unul dintre cei mai importanți ingineri români.

A fost responsabil pentru crearea unui nou domeniu al mecanicii, numit „sonicitatea", care descrie transmiterea energiei prin vibrații în corpurile fluide sau solide. A aplicat noua teorie în numeroase invenții: motorul sonic, pompa sonică, ciocanul sonic și altele. Printre alte realizări ale sale se mai numără și un dispozitiv de tragere printre palele elicei indiferent de turația acesteia și primul schimbător de viteze automat. A participat activ la construcția de avioane engleze, tipul Bristol, în perioada cât a locuit în Anglia.

A fost primul care a folosit betonul-armat în construcția clădirilor din România (printre clădirile construite de acesta putem aminti: Palatul Patriarhiei, Hotelul Athénée Palace, Marea Moschee din Constanța).

Gogu Constantinescu a fost unul dintre acele minți geniale, ale cărui idei au devansat cu mult timpul existenței sale fizice, dar care astăzi își păstrează actualitatea, surprinzând prin acuratețe, inventivitate și aplicabilitate.

În contul lui Gogu Constantinescu figurează peste 317 brevete de invenție, parte patentate în SUA, Danemarca, Elveția, Austria, Germania, Marea Britanie, Franța, România etc., precum și altele, care nu au fost niciodată publicate. Un mic calcul ne arată că de la apariția primei invenții (1907), până la data trecerii în eternitate (1965), în medie, la fiecare 4 luni a fost realizat un brevet, iar dacă socotim doar anii săi cei mai prolifici, rezultă o invenție pe lună.

Putem afirma că ceea ce Tesla a realizat în electronică, Constantinescu a reușit în mecanică.

Dacă Nicolae Tesla a inventat și transmis unde electromagnetice (oscilații electromagnetice) prin atmosferă, George Constantinescu a inventat oscilațiile mecanice de tip sonic cu care a transmis unde sonice numai prin medii continue (tuburi sau țevi, cu apă, ulei, diverse lichide, aer, gaze, sau prin bare pline).

Ambii transmit unde (produse prin oscilații) cât și energie și putere, incluse în aceste unde, reușind astfel să transmită energie și putere la distanțe mici, medii, mari și chiar foarte mari, să controleze și comande fenomenele și procesele de la distanță sau mare distanță.

Diferența principală dintre cei doi mari ingineri este modul în care ei au reușit să facă acest lucru.

Dacă Gogu Constantinescu a transmis putere (energie) numai prin medii închise continue, Nicolae Tesla a început cu cablurile de curent continuu, a continuat cu cele de curent alternativ monofazic, bifazic și polifazic, a trecut la transmisia de energie prin aer (pe distanțe mici), iar apoi pe distanțe mari și foarte mari, la început puteri neconcentrate (energii disipate) de tipul undelor radio, pentru ca în final să transmită energii concentrate prin undele electromagnetice.

George Constantinescu a transmis inițial prin vibrații sonice puteri mici și medii, pentru ca apoi să ajungă să transmită energii (puteri) mari și foarte mari, concentrate, inclusiv la distanțe foarte mari. Comparând realizările sale cu cele din mecanica clasică, şi din hidraulică, "metodele domnului Constantinescu sunt cu un pas înainte", fiind mai simple, mai fireşti, mai interesante, mai utile, mai capabile.

Dacă în hidraulică orice sistem are nevoie de cel puţin două conducte (una pentru tur, iar alta pentru retur), în sonicitate se utilizează întotdeauna o singură conductă.

Hidraulica foloseşte numai presiunea fluidelor, obţinută în general prin apăsare (greutate), în timp ce, ştiinţa sonicităţii produce presiune, o stochează, o transmite, o recepţionează (captează) şi utilizează, numai prin vibraţii (oscilaţii) sonice.

Multe dintre prezicerile lui Gogu Constatinescu au apărut şi au dispărut, multe se folosesc astăzi sau retrezesc interes. A cucerit faimă academică şi onoare profesională atât acasă cât şi în străinătate, a construit şi i-a învăţat şi pe alţii cum să construiască, a inventat metode noi în inginerie, pe care întotdeauna le-a şi materializat practic, făcându-se prin ele util oamenilor dar şi omenirii.

Sincronizarea tirului mitralierei cu palele elicei a reprezentat o utilitate locală (în spaţiu şi timp), dar prin rezultatele aplicării ei a contribuit în mod esenţial la schimbarea soartei războiului, şi deci a omenirii şi a planetei.

Unele dintre invenţiile sale au însă un caracter mult mai general privind aplicabilitatea lor (în spaţiu şi timp). Dacă a fost uneori mai puţin răsplătit pentru ceea ce a făcut (din punct de vedere material), ca şi cei mai mulţi inventatori, suferind dezamăgiri în străduinţele sale de a convinge industria şi oficialităţile vremii de valoarea ideilor sale, totuşi inginerul George Constantinescu, lasă în urma sa o moştenire extrem de solidă, din punct de vedere tehnico-ştiinţific.

Omul de știință și inginerul Gogu Constantinescu a fost cel care a dezvoltat și aplicat Teoria Sonicității, o nouă știință referitoare la transmiterea puterii prin lichide, solide sau gaze. Dar Gogu este încă comemorat cu stimă de publicul general și piloții din Serviciul Aerian, ca omul care a inventat dispozitivul de tragere sincronizată pentru avioanele din Primul Război Mondial.

În acest context, la 29 martie 1920, renumitul ziar "The Times" publica: "Vice Mareșalul Sir John Maitland a prezidat sâmbătă o prelegere a domnului Gogu Constantinescu în Sonicitate (transmiterea puterii prin vibrații), dată la Politehnică, sub auspiciile unei serii de prelegeri pentru profesori ai Consiliului Ținutului Londrei. Sir John Maitland a spus că datorită d-lui Constantinescu și dispozitivului de tragere pe care l-a inventat, noi am deținut supremația peste germani în aer, așa cum am făcut-o".

Cu toate că opera lui Gogu Constantinescu este de o valoare inestimabilă, ea nu a fost cunoscută îndeajuns, în bună parte datorită caracterului ei secret impus de utilizările preponderent militare, iar pe de altă parte puținelor publicații referitoare la aceasta. Astfel, primul volum publicat în 1918 la Londra, într-un număr limitat de exemplare, a fost declarat secret de către guvernul Marii Britanii, din cauza aplicațiilor pe care le avea noua teorie în domeniul armelor și mijloacelor de război.

Cu ocazia împlinirii a 125 de ani de la nașterea ilustrului nostru compatriot, s-a încercat umplerea golului de informare privind realizările sale prin apariția a trei lucrări semnificative: "Inventeurs de genie. Gogu Constantinescu.", Editura Mediamira, Cluj-Napoca 2006, "Tratat de Teoria

Sonicității", (600 pagini) și "Integrala Invențiilor" (4 volume, peste 2000 pagini), Editura Performantica a Institutului Național de Inventică, Iași 2006 (lucrări apărute cu sprijinul Autorității Naționale pentru Cercetare Științifică).

Recunoașterea lui Gogu Constantinescu pe plan internațional este atestată printr-un tablou publicat de revista britanică "The Graphic" în anul 1926, în care sunt prezentate ilustre personalități științifice ale vremii, începând cu Einstein, Edison, Kelvin, Gogu Constantinescu (primul pe rândul al doilea), Rutherford, Marie Curie etc.

Leaders in the March of Progress 1900-1925 (Constantinesco second row, far left)

Domeniile atinse de geniul lui Gogu Constatinescu au fost foarte diverse, realizările practice fiind impresionante, dintre acestea menționăm o mică parte:

A promovat utilizarea betonului armat. Era o sarcină grea deoarece metoda dăduse rezultate dezastruoase în alte părți ale Europei, cum ar fi podul "Celestial Globe" de la Expoziția Universală din Paris din 1900 și hotelul "Black Bear" din Basle din 1903.

A construit primul pod de beton armat cu traverse drepte din România (1906), a consolidat cupola Palatului Parlamentului (care suferise deplasări și fisurări), a realizat cupola minaretului Moscheii din Constanța etc., (în ciuda opoziției fostului său profesor, marele Anghel Saligny). Aceste lucrări dăinuie și astăzi.

A inventat asfaltul.

A elaborat Teoria Sonicității (metoda de transmitere a puterii, prin unde de presiune, utilizând proprietatea de compresibilitate a lichidelor).

A construit cel mai performant sistem de sincronizare a tragerii la avioane, prin spațiul lăsat de palele elicelor acestora.

A materializat primul tun sonic.

A proiectat și construit Convertorul Gogu Constantinescu, prima cutie de viteze automată, pentru automobile și locomotive, fără ambreiaj și roți dințate, bazată pe efectul inerțial al maselor în mișcare.

A gândit primul Hidroglisor care a fost materializat mai târziu în jurul anilor 1970 de către ruși.

A demonstrat efectul termic al sonicității prin realizarea primului calorifer sonic.

Omul George Constantinescu: s-a născut la Craiova pe 4 octombrie 1881, ca fiu al lui Gheorghe Constantinescu, originar din Ploiești (strălucit profesor de matematici la liceul din Craiova), și al Anei Constantinescu, născută Roy, de origine britano-franceză, refugiată din Alsacia din cauza războiului franco-german (1870), tocmai pe meleagurile noastre.

Copil precoce, George Constantinescu, știa să scrie și să citească înainte de a se duce la școală. Liceul îl face la Craiova, unde îi uimește pe profesori prin talentul său de matematician.

Acasă construia tot felul de dispozitive, în micul său laborator improvizat de fizică și chimie.

Pentru sora sa mai mică, refractară la asimilarea primelor cunoștințe în matematică, construiește o ingenioasă mașină de calcul ce îi permitea obținerea automată a rezultatelor operațiilor aritmetice.

Învățase de la mama sa să cânte la pian cu mult talent. Putem observa în această pasiune a sa originea preocupărilor sale inginerești (de mai târziu) referitoare la elaborarea unei teorii a armoniei muzicale care îl va duce printr-o remarcabilă asociație de idei la construirea științei "Sonicitatea", invenția sa de bază.

Perioada studiilor inginerești de la Școala Națională de Poduri și Șosele (azi UPB), arată calitățile sale deosebite, cutezanța sa și capacitatea de a duce o idee la bun sfârșit.

Astfel, deși profesorul de poduri, renumitul Anghel Saligny, i-a avertizat pe toți studenții să se ferească de a construi poduri din beton armat, material considerat atunci nesigur și chiar periculos, G. Constantinescu proiectează în lucrarea sa de diplomă, un astfel de pod, ceea ce îl indispune pe profesor (îi atrage din nou atenția studentului recalcitrant că astfel de poduri și construcții se vor nărui), dar G.C. îi răspune curajos că el le va construi.

În primii șase ani după absolvire, și-a dat măsura geniului său în domeniul construcțiilor din beton armat, afirmându-se ca unul dintre pionierii cei mai activi ai acestui util domeniu.

A construit podul de pe șoseaua către Doftana, planșeele imobilului Ministerului Lucrărilor Publice, clădirea Camerei de Comerț (azi Ministerul Comerțului), Palatul Bursei (azi Biblioteca Centrală de Stat), podul din parcul expoziției (azi Parcul Libertății), podurile mari de la Adjud, Răcăciuni, Roman, și Dolhasca (pe Siret), consolidarea Camerei Deputaților, planșeul turnului moscheii din Constanța.

Datorită dificultăților întâmpinate în primii șase ani de inginerie în toate domeniile de lucru, dar mai ales în cel mecanic (privind realizarea sonicității), pleacă în Anglia în 1910, la șase ani de la terminarea facultății.

La Londra reușește să convingă un capitalist să-i finanțeze invențiile legate de transmisia de putere prin lichide.

Astfel ia naștere primul laborator Sonic din lume, într-o șură părăsită pe malurile Tamisei. În scurt timp obține rezultate concrete, dar o furtună urmată de o revărsare a Tamisei inundă micul laborator, distrugându-i toată aparatura.

Capitalistul se retrage din afacere.

Încearcă să-și patenteze invențiile în SUA, dar se lovește de refuzuri permanente (era taxat cu "ce mai vrea și nebunul ăsta de român").

Până la urmă demersul îi reușește, dar numai după ce personalități din lumea tehnică engleză depun pentru el și teoria sa garanții sub prestare de jurământ, către oficiul de brevete din New York.

Cu această ocazie, vizitează SUA, în 1913, și printre altele este invitat de Edison, la o discuție particulară asupra "armoniei muzicale", a sunetelor consonante și disonante. G.C. era foarte bine pregătit în domeniu, pe când Edison (care tocmai inventase Gramofonul), bâjbâia în acest domeniu.

Revenit la Londra nu reușește să-și impună noua sa știință așa cum sperase, ci doar indirect datorită primului război mondial.

În 1914, în timp ce armata germană deținea supremația aeriană, prin aviația sa mult mai numeroasă și mai bine pregătită, amiralitatea engleză alarmată de miile de vieți sacrificate în rândul armatei sale, ia inițiativa instituirii unui concurs pentru găsirea unei soluții care să sporească puterea de foc, prin tragerea printre palele elicei avionului, în timpul zborului. George Constantinescu se prezintă și el la acest concurs, și cu mijloacele tehnologice și financiare modeste în scurt timp realizează primul dispozitiv sonic de sincronizare și tragere automată prin elicea avionului. La demonstraţia acestui prim model, juriul concursului, constituit din savanţi celebri printre care şi Lord Rayleigh şi J.J. Thomson, este practic uimit de rezultatele invenţiei tânărului inginer român, de eficacitatea ei, de precizia tirului, de eleganţa şi simplitatea soluţiei SONICE, soluţie imediat adoptată, şi care a dat rezultatele scontate, răsturnând complet situaţia, şi aducând aviaţiei britanice supremaţia absolută.

Guvernul Britanic cât şi Ministerul Forţelor Aeriene ale USA i-au comandat livrarea imediată a 50000 de astfel de dispozitive.

Acum statul englez îi pune la dispoziţie fondurile necesare pentru înfiinţarea rapidă a laboratorului "SONIC WORKS", pe care G.C. poate acum să-l înzestreze cu toată tehnologia, instalaţiile şi aparatura necesară.

G.C. devine celebru "peste noapte". Primele rezultate ale muncii sale sunt editate de către Amiralitatea Britanică în lucrarea "The Theory of Sonics", într-un număr restrâns de exemplare, care au primit imediat regimul de "strict secret".

Astfel, Coandă care construise chiar până atunci avioane bimotoare pentru britanici, și care prezentase deja avionul său cu reacție (avion care la acea perioadă nu putea fi încă construit), nu a avut parte de un succes atât de mare ca cel al inginerului Gogu Constantinescu.

Printre personalitățile care îl vizitau în laboratorul său se afla și marele nostru neurolog Gheorghe Marinescu, trimis în anglia în acea perioadă în misiune oficială de guvernul român. Între cei doi compatrioți se leagă o prietenie deosebită. În 1919 G.C. revine în țară invitat de Academia Română (la recomandarea profesorului Gheorghe Marinescu) să țină o conferință despre sonicitate, conferință ce a avut un mare răsunet, atrăgând atenția cercurilor noastre inginerești și financiare. Se constituie imediat Societatea SONICA, având ca scop valorificarea și în țară a brevetelor de invenție G.C., puse deja în valoare în Anglia și USA. G.C. este rechemat de urgență în Anglia. La noi societatea dă repede faliment, rămânând și datoare. G.C. restituie societății integral, capitalul investit. A doua sa încercare de a se pune și în slujba țării s-a soldat cu un total eșec.

Acum G.C. inventează faimosul său convertor de cuplu. Primele automobile echipate cu el sunt prezentate la expoziția industrială a Imperiului Britanic de la Wembley, în 1924, iar mai apoi la Salonul Automobilului de la Paris, în 1926, (invenția "face senzație"), ocazie cu care revista britanică "The Graphyc", din 10.01.1926, în articolul "Leaders in the March of Progress" redă figurile a 17 mari inventatori și oameni de știință în intervalul 1900-1925. Printre aceștia, alături de Albert Einstein, Guglielmo Marconi,

Lord Rayleigh, Thomas Edison, Marie Curie, se află și George Constantinescu.

În 1933 G.C. face o nouă încercare de a construi și în țară, încheind un contract cu Uzinele Malaxa pentru aplicarea convertorului G.C. la locomotivele și automotoarele fabricate aici. Primul automotor a fost probat pe linia București-Oltenița, și a dat rezultate foarte bune, dar nu a fost adoptat de Malaxa, dat fiind presiunile exercitate de firmele străine asupra guvernanților și a liderilor politici români de atunci pentru introducerea în fabricație a unui model de fabricație străină.

G.C. povestește cum se încercase discreditarea și accidentarea provocată a automotorului pe care chiar el îl conducea, prin deraierea pe care a evitat-o într-un ultim moment frânând brusc după ce a observat o traversă amplasată pe calea ferată.

Dezgustat de moravurile politicienilor noștri G.C. se reîntoarce definitiv în Anglia; a mai făcut doar două vizite scurte în țară la invitația Academiei Române, în 1961 (când este sărbătorit pentru cei 80 de ani ai săi și primește înalta distincție de "Doctor Honoris Cauza" al Universității Politehnice din București) și în 1963 (când vizitează Instalația de foraj sonic de la Ploiești).

După un an se stinge din viață (la înaintata vârstă de 83 ani) în vila sa din ANGLIA, de pe malul lacului Coniston, unde este de altfel și înmormântat.

În Anglia a lucrat permanent la tot felul de invenții, patente, inovații.

A pus la punct mai multe metode de foraj sonic la mare adâncime, metode care parțial au fost puse în practică și în țară.

A îmbunătățit injecția sonică la pompele de injecție de pe motoarele diesel. În imagine se poate vedea un stand sonic pentru îmbunătățirea și reglarea injecției automobilelor.

A inventat și construit un generator de sunete sonic. Acesta avea o putere foarte mare, intensitate ridicată, consum mic, fidelitate mare, cu o foarte bună acustică, putând fi utilizat la nevoie și pe post de sirenă pentru alarmă.

A construit tot felul de tunuri sonice, cu tragere

silențioasă (fără foc, sau praf de pușcă), cu recul foarte mic, care trăgeau cu mare putere la distanțe uriașe, cu precizie ridicată, fără să scoată nici cel mai mic zgomot, fără foc sau fum, fără vibrații. Astfel a perfecționat metodele sale mai vechi de tragere silențioasă, cu tunuri sonice de mare calibru. Metoda sa de bază era stocarea de energie sonică într-un recipient (cilindru) metalic rezistent, prin compresia (comprimarea) unui lichid. Presiunea sonică a lichidului creștea treptat dar rapid pe baza undelor sonice recepționate până la nivelul dorit (necesar), ca într-un condensator sonic. Eliberarea obuzului din tunul sonic (împins de lichidul comprimat sonic) se făcea prin deschiderea clapetei (piedicii) opritoare, la momentul dorit. Totul se producea în liniște totală, fără combustibili, fără foc și fum, fără explozii, cum am arătat fără zgomot dar și fără vibrații.

A inventat și construit ciocanul sonic (perforatorul sonic) mult mai puternic și mai performant decât ciocanul pneumatic, ca să nu mai vorbim de nivelul de zgomot mult mai redus.

A inventat și construit transmisia sonică pentru navele marine, care are avantajul transmiterii de putere printr-o singură conductă, nemaifiind nevoie de două țevi pentru o instalație (așa cum o solicită instalațiile hidraulice). În figură este prezentată o instalație a unei transmisii sonice specială (cu patru faze), deci cu patru conducte (hidraulic un astfel de sistem ar fi necesitat opt conducte).

Generatoarele şi Motoarele sonice sunt construite într-o foarte largă gamă. În general ele sunt de tip sincron sau asincron. Se mai clasifică în monofazate sau polifazate. Motoarele sonice rotative sunt convenabile pentru distribuţia puterii pentru orice fel de scopuri industriale. Mai multe motoare sonice independente pot fi cuplate şi decuplate la (de la) o linie sonică de alimentare care poate fi o simplă ţeavă (la sistemul monofazat) sau mai multe ţevi (polifazat).

Motoarele sonice sincrone sunt unice în domeniul mecanicii prin acea caracteristică de a menţine un sincronism riguros între ele şi generator. Sistemele de reductoare clasice pot fi înlocuite prin motoare sonice compacte, interconectate prin ţevi de diametre mici prin care este transportată energia sonică.

Ele pot fi utilizate în halele industriale, pe diverse maşini, cum ar fi, locomotive, automobile, maşini agricole (combine, semănători), tractoare, camioane, autobuze, şalupe, catamarane, hovercrafturi, submarine, vapoare, etc.

Motoarele sonice asincrone (în poză e prezentat unul simplu, trifazat) sunt convenabile pentru aplicaţiile în care sarcinile au variaţii foarte mari (la locomotive, tractoare, vapoare, excavatoare, macarale, etc).

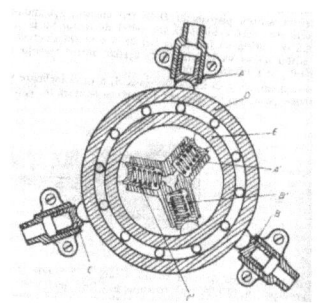

Avantajele lor şi faţă de motoarele mecanice cu reducţii prin transmisii mecanice, şi faţă de motoarele şi transmisiile hidraulice, dar mai ales în raport cu motoarele electrice, este acela de a realiza cupluri extrem de mari, ori cupluri variabile în plaje foarte largi, care se autoreglează după cerinţele instantanee, şi care pot fi menţinute atâta timp cât sunt necesare, fără încălziri, fără eforturi suplimentare, fără zgomote sau vibraţii, fără şocuri (deci şi fără eventuale ruperi), fără uzură, fără reglări, fără întreținere, sau necesitatea unei alte intervenții.

Motoarele sonice au caracteristica de a se adapta singure, automat, la sarcina solicitată, astfel încât motorul primar (sursa primară de putere), un motor diesel spre exemplu, să lucreze permanent la turație, sarcină și putere constante, chiar dacă consumatorul (motorul sonic, sau motoarele sonice) își variază cuplul și turația într-o gamă foarte largă.

Motoarele și generatoarele sonice sincrone sunt de construcții similare, iar funcționarea lor este reversibilă. În figura următoare este prezentată o mașină sonică sincronă în două secțini.

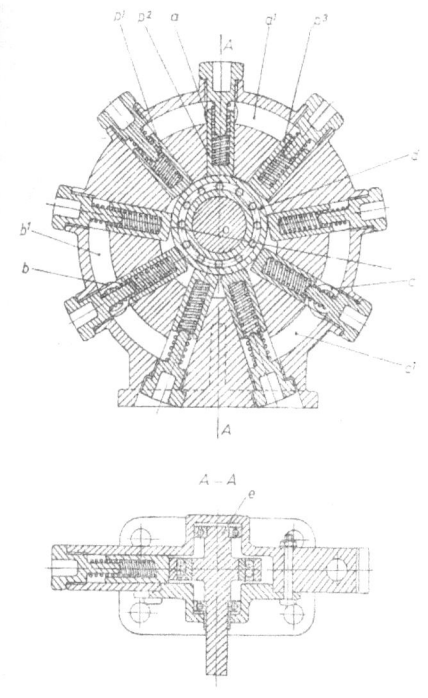

Pentru țevile de legătură dintre generator și receptor sunt prevăzute orificiile a, b, c. Aceste orificii comunică cu camerele a^1, b^1, c^1, fiecare fiind în legătură cu câte trei pistoane p^1, p^2, p^3, aranjate radial. Pistoanele vin în contact cu un excentric d prin intermediul unui rulment radial. Excentricul este montat pe axul e. Spațiile ce comunică cu orificiile a, b, c, sunt umplute cu lichid, iar pistoanele stau pe excentric împinse de resort. Un fluid convenabil sistemului de transmisie descris ar putea fi un ulei mineral, însă principial se poate utiliza orice fel de fluid (lichid sau gaz).

Aranjamentul (designul) motorului din figură asigură un deplasament dat de trei pistoane pentru o singură fază. Acest lucru realizează o construcție mai compactă, presiuni mai mici la suprafața de contact între rulmentul excentricului și pistoane, deplasament mai mare pentru o fază față de situația în care s-ar fi folosit un singur piston pe fază.

Sistemul descris prezintă analogie cu sistemul electric trifazic. Un important avantaj (suplimentar) față de transmisiile electrice este acela că poate fi utilizat economic inclusiv pentru viteze de rotație foarte scăzute.

Pentru mașina descrisă se constată că la o rotație a axului se produce câte un impuls (de presiune) în fiecare fază.

Dacă motorul sonic și generatorul sonic au construcții identice, vitezele lor vor fi egale.

Funcționarea transmisiei sonice nu este posibilă decât în anumite condiții descrise de George Constantinescu.

Pentru a construi un sistem de transmitere sonică a puterii cu mașini sincrone având viteze de rotație diferite (de exemplu dacă generatorul trebuie să lucreze la viteze mari și foarte mari, ar fi bine ca cel puțin motorul sonic să poată funcționa la viteze scăzute, pentru o uzură mai mică și o pornire mai ușoară), trebuie aleasă o altă schemă constructivă (un alt design); un astfel de motor sonic cuprinde trei grupe de pistoane în cilindri, fiecare grup fiind conectat prin anumite legături la trei coloane de lichid, care transmit oscilațiile date de generatorul trifazat. Rotorul este modelat astfel încât pistoanele în contact cu el descriu o mișcare sinusoidală completă atunci când se rotește cu o fracțiune de cerc. Rotorul este modelat ca o camă multiplă (mai multe came ce urmează una după alta cu pauze între ele) fiecare profil sinusoidal de camă având o perioadă completă.

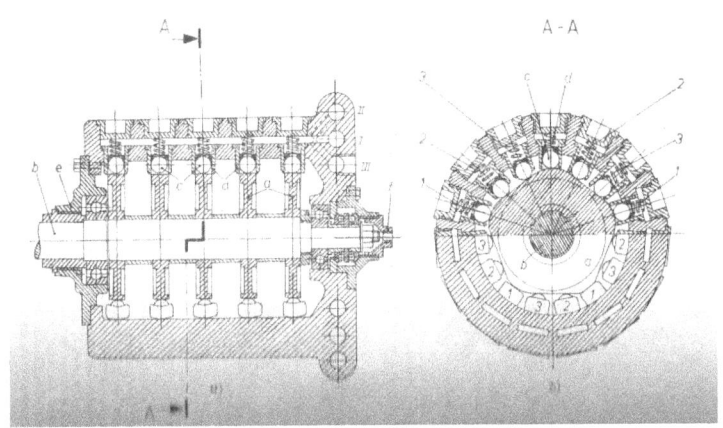

Rotorul b (practic un ax cu came) are cinci discuri multicamă notate cu a, fiecare disc având cinci profile sinusoidale de came, adică fiecare disc este practic nu o camă ci o camă multiplă.

Tacheții c sunt practic nişte bile (nu tacheți cu bile ci chiar bile-sfere) şi au rol de tachet, sau de piston, glisând fără joc în cilindrii ficşi d, sprijinite de arcuri.

Pistonul statorului (bila) va efectua în timpul unei rotații complete a rotorului atâtea oscilații (curse) câte profile sinusoidale există pe o camă multiplă disc a (în cazul motorului din figură 5 oscilații).

Raportul de reducere a turației va fi $1/M=1/5$.

Dacă în jurul rotorului se dispun la unghiuri egale 20 de pistoane de construcție specială pentru a fi cât se poate de uşoare (inerție mică), atunci la fiecare rotație fiecare din cele

20 de pistoane va produce 20 de impulsuri cu cursa de două ori mai mare ca amplitudinea sinusoidei modulate pe rotor.

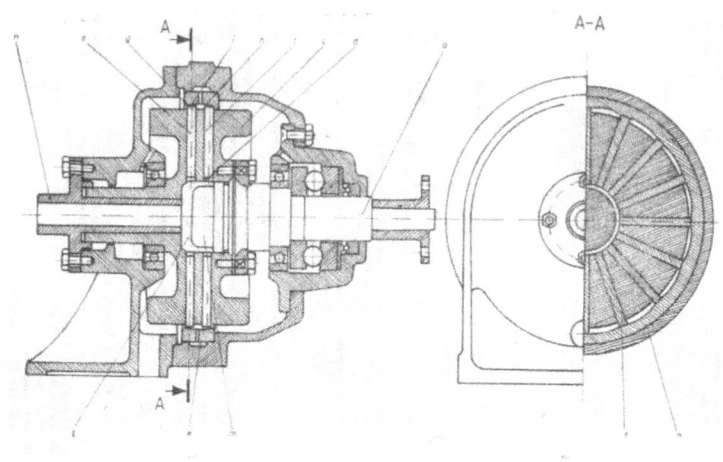

Un astfel de generator sonic de înaltă frecvență (vezi figura) poate ajunge ușor la 20-30 kHz.

Cu generatoarele sonice de înaltă frecvență ale savantului român George Constantinescu, s-au realizat scule speciale pentru prelucrat sticlă, s-a putut vibra metalul topit, s-au realizat diverse aplicații medicale, s-a construit picamărul sonic (ciocanul sonic), s-a realizat ultrasonarea bateriilor (lichidului din acumulatorii autovehiculelor), s-a obținut instalația îmbunătățită pentru forarea și sau extracția petrolului, s-a realizat injecția sonică la motoarele diesel sau cu injecție de benzină, s-a pus la punct admisia sonică (distribuția sonică la motoarele automobilelor), s-a realizat efectul termic (de calorifer) prin țevile subțiri, etc.

În figura de mai jos se va prezenta o pompă sonică volumetrică (pompă volumetrică cu acționare sonică).

Apa este admisă prin supapa inferioară 140 în camera pompei şi este trecută prin supapa de evacuare 142 într-un vas 143 cu pernă de aer, de unde este evacuată prin conducta de utilizare 144.

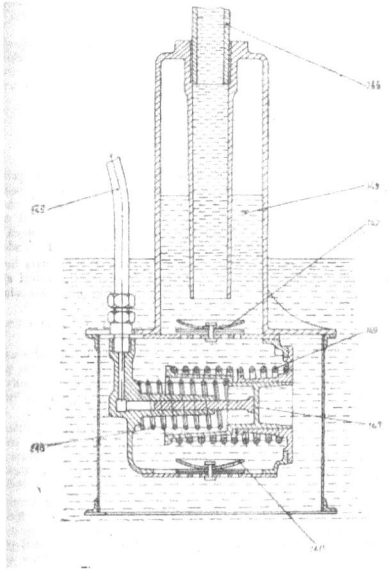

O conductă separată 145 alimentează dispozitivul cu unde de presiune alternativă.

Acestea determină deplasarea alternativă a (oscilaţia) pistonului 147, susţinut permanent de resorturile 148 şi 149.

Această mişcare determină schimbarea volumului în spaţiul dintre supape.

Când volumul din camera pompei este maxim se crează o depresiune care face să se deschidă supapa 140 admiţând apă în camera pompei. Presiunea dintre camera pompei şi exteriorul cu lichid se egalează făcând supapa să se închidă. Volumul din camera pompei începe să scadă mărind mult presiunea din camera pompei, închizând şi mai bine supapa de admisie a fluidului în cameră şi deschizând supapa de evacuare a fluidului din camera pompei împingând supapa împreună cu surplusul de fluid din camera pompei care trece în vasul cu pernă de aer. Presiunea se egalează, se închid ambele supape, pistonul se mișcă mărind iar volumul camerei pompei, se produce o nouă depresiune și ciclul se reia.

În figura de mai jos se prezintă un ciocan sonic de nituit.

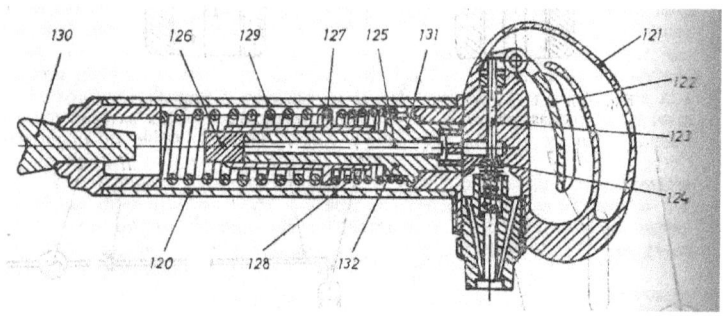

El este compus din carcasa 120, care are un mâner 121 în care se află o pârghie de acționare 122, care prin intermediul unui ac123 deschide ventilul 124, admițând lichidul aflat sub presiune de la linia de transmisie la sculă.

Lichidul intrat sub presiune apasă violent pistonul 125, deplasându-l extrem de rapid împreună și cu piesa (tampon) de lovire (purtată de piston). Piesa de lovire este prevăzută cu flanșa 127 prin intermediul căreia este ținută într-o poziție medie de către resorturile 128 și 129. Piesa 126 transmite lovitura prin piesa intermediară 130.

George Constantinescu a demonstrat și perfecționat efectul de încălzire a lichidelor în țevile subțiri pe baza energiei sonice recepționate (a curenților sonici), în similitudine perfectă cu efectul Joule prin care curentul electric încălzește la trecerea sa mai mult rezistențele mai mari (conductorii electrici mai subțiri). Interesant este faptul că o conductă de grosime variabilă (în trepte) se încălzește numai pe porțiunile cu diametre mai mici la trecerea curenților sonici prin ea, porțiunile cu diametre mai mari rămânând reci, cele cu diametre foarte mici încălzindu-se până la roșu, pentru o aceeași conductă cu apă (sau un lichid) în ea; comportamentul fiind similar cu cel al conductorilor electrici traversați de curenți electrici și nu cu al unor țevi prin care trece apă ori rece ori încălzită, când toată țeava are aceeași temperatură împrumutată de la apa ce o traversează.

Pentru că al doilea război mondial era cu totul altfel decât primul, aducând iar Anglia și Amiralitatea Britanică în stare de alertă maximă, povestea cu tirul sincronizat nemaifiind de actualitate, a muncit la tot felul de invenții capabile să contribuie la ajutorul Angliei. În general ele au rămas secrete. Dar unele au fost totuși povestite.

Într-o scrisoare adresată inginerului Matei Marinescu (fiul prietenului său, medicul Gheorghe Marinescu), din 14.aprilie.1958, George Constantinescu precizează printre altele "Mi-a făcut mare plăcere să aflu din scrisoarea ta (din 21.02.1958) că am fost ales ca membru de onoare al Academiei Române. Între timp am primit vești și de la ing. Bazgan, care este unul din cei puțini ce au arătat interes în lucrările mele în domeniul Sonic, și care sînt sigur că a contribuit la progresul tehnicei de foraj."

Ion Șt. Basgan (24.iunie.1902, Focșani – 15.decembrie.1980, București)

Inginer și inventator român. Este celebru pentru invenția sa, forajul cu aplicația sonicității, și pentru descoperirea efectului care-i poartă numele.

Cercetările lui Ion Basgan în domeniul forajului petrolier prin combinarea sonicității cu „efectul Basgan" au început încă din 1932. Primele brevete n-au întârziat să apară. Dintre cele mai importante sunt de aminitit: „Metodă pentru îmbunătățirea randamentului și perfecționarea forajului rotativ, prin rotație percutantă și prin amortizarea presiunilor hidromecanice", brevetată în România (brevet nr. 22789/1934) și mai apoi în SUA; „Rotary Well Drilling Apparatus", brevetat în SUA (brevet nr. 2103137/1937) și perfecționat mai târziu în România: „Forajul prin ciocan Rotary" (brevet nr. 37743/1945). Aceste invenții au revoluționat în epocă tehnica forajului.

Inițial, aceste invenții au fost folosite în țară. Începând cu anul 1937, ele au fost aplicate și în SUA, de către marile companii petroliere. Pe durata celui de-Al Doilea Război Mondial, invențiile inginerului român au fost sechestrate, fiind deblocate abia în 1965, prin Ordinul 838/ 13.10.1965 al Ministerului Justiției din SUA. Cu toate că au fost întreprinse numeroase demersuri, Ion Basgan nu a reușit să-și recupereze drepturile de autor cuvenite ca urmare a utilizării descoperirilor și invențiilor sale. Acestea au fost evaluate de o comisie de experți germani la cca. 8,4 miliarde de dolari.

În 1967, Basgan a brevetat în Franța, SUA, Portugalia și Emiratele Arabe Unite invenția „Sistem de foraj rotativ și percutant cu frecvențe sonice, limitarea efectului presiunii arhimedice, precum și instalația și aparatura respectivă", prin care era depășită bariera critică de 8000 m adâncime.

De-a lungul vieții, Ion Basgan a publicat peste 60 de lucrări, constituite din articole, teme dezbătute în conferințe și tratate despre tehnica forajului.

2. INGINERIA ROMÂNEASCĂ „PE ARIPILE VÂNTULUI"

Traian Vuia (17 August 1872 – 3 Septembrie 1950) a fost un inventator roman, şi un pionier al aviaţiei care şi-a proiectat, construit şi testat singur avioanele, care la acea vreme erau printre primele aparate de zbor mai grele decât aerul.

Pe data de 18 martie 1906 el a realizat primul zbor autopropulsat (fără catapulte sau alte mijloace exterioare) cu un aparat mai greu decât aerul.

În primul său zbor a reuşit să plutească circa 12 m (40 feet) la Montesson, în Franţa, pe 18 martie 1906 (vezi figurile de mai jos). Acesta a fost primul zbor „atestat" cu decolare şi aterizare proprie a aparatului de zbor (neasistată din exterior), realizat cu un avion monoplan cu motor montat pe un cărucior cu roţi.

Avionul lui Traian Vuia. Acesta a fost primul zbor atestat al unui aparat mai greu decât aerul care a decolat şi aterizat singur fără asistenţă din exterior. Zborul a avut loc pe 18 martie 1906, la Montesson, în Franţa

Înfăptuirea zborului mecanic cu un aparat mai greu decât aerul constituia, pe la sfîrşitul veacului trecut şi la începutul veacului nostru, o adevărată fascinaţie.

Mii de temerari încercau să îl realizeze, în timp ce „baloniştii", care încă de la finele veacului al XVIII-lea reuşiseră să se înalţe în nacelele baloanelor, zîmbeau cu superioritate, convinşi că viitorul este al lor, al celor cu vehicule aeriene mai uşoare decât aerul.

Asemenea încercări de zbor cu aparate mai grele decât aerul mai avuseseră loc, şi pentru fiecare din ele se făceau pariuri, se dădeau pronosticuri, se pronunţau verdicte. Era o dispută permanentă între partizanii (mai vechi) ai mijloacelor de zbor cu aparate mai uşoare decât aerul, şi noii susţinătorii ai inginerilor de avioane (aparate de zbor mai grele decât aerul, capabile să se ridice şi să zboare prin portanţa aerului, datorită aripilor şi a motorizărilor din dotare).

În sfârşit, la începutul secolului XX (1903), doi americani, fraţii Wright, au izbutit să zboare cu un avion. Numai că aparatul lor nu s-a putut desprinde singur de la sol, prin forţa motorului său, ci a fost „lansat", „propulsat" prin catapultare — deci printr-un impuls exterior — şi numai după aceea a pornit-o spre înălţimi. Primul om care s-a ridicat de la sol numai prin forţa motorului avionului său, realizând întâiul zbor mecanic din istoria tehnicii mondiale, a fost în 1906 un bănăţean: Traian Vuia. Dar cîte împrejurări potrivnice a trebuit să învingă pentru a-şi realiza visul, de câtă perseverenţă a avut nevoie!...

Traian Vuia s-a născut în comuna Bujor (care astăzi îi poartă numele), în judeţul Caraş-Severin şi a urmat liceul de stat la Lugoj, dovedindu-şi încă din copilărie iscusinţa în felurite meşteşuguri.

Îndrăgostit de tehnică şi mai ales năzuind să fie aviator, s-a înscris în 1892 la

Universitatea Politehnică din Budapesta, Şcoala de Mecanică, de unde şi-a primit diploma de inginer.

Atras şi de justiţie se înscrie şi la cursurile Facultăţii de Drept din Budapesta, care având un regim cu frecvenţă neobligatorie îi permitea să şi muncească pentru a se întreţine (a putut munci într-un birou juridic pentru a-şi cîştiga existenţa).

După terminarea şi a acestei facultăţi îşi dă şi doctoratul în drept în mai 1901, după care se întoarce în ţară unde va practica meseria de avocat la Lugoj.

Dar marea sa pasiune nu îl părăsise, mai mult chiar, reuşise să îi „molipsească" de ea şi pe alţii. Construieşte macheta unui „aeroplan-automobil" şi, cu banii strânşi anevoie de el, dar mai ales cu cei donaţi de mai mulţi români bănăţeni, pleacă la Paris, pe atunci „capitala Europei şi sediul central al aviaţiei mondiale".

Aici adresează un memoriu Academiei de Ştiinţe a Franţei (februarie 1903), în care îşi prezintă proiectul, dar înaltul for ştiinţific, dominat de „balonişti", îl respinge, punând o rezoluţie verdict care astăzi ar suna ridicol, declarând că a încerca să realizezi zborul cu un aparat mai greu decât aerul „este o himeră", care „nu poate să izvorască decât dintr-o minte bolnavă".

Un altul s-ar fi descurajat. Vuia însă are încredere în ideea sa şi o duce mai departe. „Eu nu lucrez pentru gloria mea personală, ci lucrez pentru gloria geniului uman", spunea el adesea.

În acelaşi an, 1903, brevetează invenţia sa şi trece la construirea proiectului, din nou ajutat cu bani de inimoşii bănăţeni. În 1905, după învingerea a numeroase dificultăţi tehnice, aparatul „Vuia-I" (denumit de prietenii săi „Liliacul", datorită formei aripilor sale) era gata: un monoplan uşor, cu o elice tractivă şi aripi din pânză pliabile, trenul de aterizare fiind alcătuit dintr-un cărucior cu roţi pneumatice.

La 18 martie 1906, dată istorică pentru aviaţia mondială, pe terenul de la Montesson, lângă Paris, „Liliacul", pilotat de Traian Vuia, îşi ia zborul, decolând exclusiv prin forţa motorului său, fără ca vreo forţă exterioară să îl „lanseze".

Un cunoscut istoric al aviaţiei avea să scrie peste decenii: „Traian Vuia a făcut ca bătrâna Europă să se deştepte. El este primul în timp" (Rene Chambe).

Ulterior, Vuia a construit şi experimentat noi tipuri de avioane, perfecţionate, de asemenea două elicoptere (1918 şi 1921), prevăzute cu mai multe rotoare de propulsie şi sustentaţie, cîrmă de direcţie şi stabilizator orizontal. Tot el este inventatorul unui original generator cu aburi (1925), de concepţie proprie, care şi-a găsit o largă aplicare în construcţia centralelor termice.

Patriot înflăcărat, Traian Vuia a militat în timpul primului război mondial la Paris pentru unirea Transilvaniei cu Ţara, organizând chiar „Comitetul Naţional al Românilor din Transilvania şi Banat", editând o revistă şi manifeste patriotice. În cursul celui de al doilea război mondial, deşi la o vîrstă înaintată, a făcut parte din mişcarea de rezistenţă din Franţa, fiind preşedintele „Frontului Naţional Român".

A revenit în România în 1950, dar a murit curând după aceea, măcinat de o boală grea, fericit însă că-şi revăzuse plaiurile natale, şi mulţumit că îşi realizase scopul vieţii sale, construcţia şi testarea primului aeroplan mai greu decât aerul, capabil să zboare.

Aurel Vlaicu (19 noiembrie 1882, Binținți, lângă Orăștie, județul Hunedoara - 13 septembrie 1913, Bănești, lângă Câmpina) a fost un inginer român, inventator și pionier al aviației române și mondiale timpurii.

A terminat Colegiul Reformat al Liceului Calvin din Orăștie, care din 1919 încoace a fost numit „Liceul Aurel Vlaicu", luându-și bacalaureatul la Sibiu în 1902.

Și-a continuat studiile inginerești la Universitatea din Budapesta și la Ludwig-Maximilians-Universität München, în Germania, obținându-și diploma de inginer în 1907.

După aceea a lucrat ca inginer la uzinele Opel în Rüsselsheim.

În 1908 se întoarce la Binținți unde construiește un planor cu care efectuează un număr de zboruri în 1909.

În toamna lui 1909 se mută în București și începe construcția primului său avion, Vlaicu I, la Arsenalul Armatei. Avionul zboară fără modificări (lucru unic pentru începuturile aviației mondiale) în iunie 1910.

În anul 1911 construiește un al doilea avion, Vlaicu II, cu care în 1912 a câștigat cinci premii memorabile (un premiu I si patru premii II) la mitingul aerian de la Aspern, Austria. Concursul a reunit între 23 și 30 iunie 1912, 42 piloți din 7 țări, dintre care 17 din Austro-Ungaria, 7 germani, 12 francezi printre care și renumitul Roland Garros, un rus, un belgian, un persan și românul Vlaicu. În cel mai cunoscut ziar vienez, Neue Freie Presse, se găseau următoarele rânduri despre zborurile lui Vlaicu:

„Minunate și curajoase zboruri a executat românul Aurel Vlaicu, pe un aeroplan original, construit chiar de zburător, cu două elici, între care șade aviatorul. De câte ori se răsucea (vira) mașina aceasta în loc, de părea că vine peste cap, lumea îl răsplătea pe român cu ovații furtunoase, aclamându-l cu un entuziasm de neînchipuit."

La 13 septembrie 1913, în timpul unei încercări de a traversa Munții Carpați cu avionul său Vlaicu II, s-a prăbușit în apropiere de Câmpina (se pare din cauza unui atac de cord).

În anul următor prietenii săi Magnani și Silișteanu finalizează construcția avionului Vlaicu III, și cu ajutorul pilotului Petre Macavei efectueaza câteva zboruri scurte. Autoritățile vremii interzic continuarea încercărilor; în toamna anului 1916, în timpul ocupației germane, avionul este expediat la Berlin. A fost văzut ultima dată în anul 1940.

Alexandru N. Ciurcu (29 ianuarie 1854, Șercaia, Comitatul Făgăraș - 22 ianuarie 1922, București) a fost un inventator și publicist român, care a experimentat principiul motorului cu reacție.

Alexandru Ciurcu s-a născut la data de 29 ianuarie 1854 în Șercaia din comitatul Făgăraș (în actualul județ Brașov), tatăl său fiind *Neculai Ciurcu*, participant la Revoluția de la 1848 din Transilvania. Alexandru Ciurcu a urmat liceul la Brașov, luând bacalaureatul în anul 1872. A urmat la Universitatea din Viena studii de drept, între anii 1873 - 1876. În paralel, Alexandru Ciurcu a urmat însă și cursuri tehnice, de inginerie.

S-a stabilit la Paris, unde s-a întâlnit cu un prieten al său, Just Buisson (1843-1886). Pe lângă profesia comună, cei doi prieteni împărtășeau și o pasiune comună pentru tehnică. Împreună cu Just Buisson a studiat propulsia aeronavelor mai ușoare decât aerul (dirijabile), precum și a motoarelor rachetă.

La expoziția aviatică de la Paris din 1881 fusese prezentat un aerostat propulsat cu ajutorul unui motor electric. Alexandru Ciurcu și Just Buisson propun ca în locul motorului electric să se utilizeze un motor cu reacție și chiar obțin un prim brevet din Franța prin care se prevede posibilitatea zborului cu reacție. Pentru a demonstra viabilitatea propunerii lor, cei doi prieteni au proiectat și construit un motor bazat pe forța de propulsie generată de combustia unor gaze într-o cameră de combustie de mici proporții. Motorul consta dintr-un recipient de 2 litri, care avea un orificiu cu diametrul de 3 mm. Prin combustia gazelor presiunea din interiorul recipientului se ridica la 10 – 15 atmosfere.

Alexandru Ciurcu a încercat să-i intereseze pe experții Ministerului de Război al Franței cu privire la noua tehnologie. La data de 13 august 1886, cei doi inventatori au experimentat motorul lor pentru prima oară în public montându-l pe o barcă și navigând pe Sena în contra curentului. Un grup de experți ai acestui minister au participat la această primă experiență a motorului. Această experiență este considerată a fi prima dată când o ambarcațiune a fost propulsată de un motor cu reacție.

Fotografie a ambarcației cu care Alexandru Ciurcu a experimentat primul motor cu reacție în 1886. Alexandru Ciurcu este a doua persoană de la dreapta spre stânga.

Hermann Julius Oberth (25 iunie 1894, Sibiu - 28 decembrie 1989, Nürnberg) a fost unul dintre părinții fondatori ai rachetei și astronauticii.

Născut la Sibiu (la acea vreme Nagyszeben sau Hermannstadt), Hermann Oberth a fost, pe lângă rusul Konstantin Țiolkovski și americanul Robert Goddard, unul dintre cei trei părinți fondatori ai științei rachetelor și astronauticii. Cei trei nu au colaborat niciodată, în mod activ, concluziile cercetărilor lor fiind în mod esențial identice, deși cercetarea a avut loc în mod independent.

Încă de la vârsta copilăriei (la aproximativ 11 ani), Hermann a fost fascinat de acest subiect din cărțile lui Jules Verne, în special De la Pământ la Lună și Călătorie în jurul

Lunii, pe prima mărturisind că a citind-o de nenumărate ori, până a ajuns aproape să o știe pe dinafară. În urma influenței acestor cărți și concluziei personale că ideile prezentate de Jules Verne nu erau întru totul fanteziste, Hermann a construit primul model de rachetă încă din școala generală, când avea doar circa 14 ani.

Hermann Oberth a realizat că deși combustibilul rachetei se consumă, prin aceasta reducându-se masa rachetei, continuă totuși să existe un rezervor care conținea combustibilul consumat, acesta nemaifiind util din punct de vedere funcțional. Hermann a ajuns astfel, în mod independent, să inventeze conceptul de ardere în etape a combustibilului.

În 1912 Hermann Oberth a devenit student la medicină al Universității din München, participând apoi ca medic militar la Primul Război Mondial. Hermann a spus mai apoi că cea mai importantă concluzie personală, pe care a tras-o în urma experienței avute, a fost că nu va dori niciodată să profeseze ca medic. După război s-a întors la aceeași universitate, de data aceasta studiind fizica sub îndrumarea unora dintre cele mai luminate minți ale vremii în domeniu.

În 1922, lucrarea sa de doctorat despre știința rachetelor a fost respinsă, fiind considerată utopică. Lucrarea a fost totuși tipărită folosind fonduri private și a produs controverse în presă. Hermann a comentat ulterior că s-a abținut, în mod deliberat, să scrie o altă lucrare de doctorat, cu scopul declarat de a deveni un om de știință mai valoros decât cei care i-au respins-o, chiar fără a fi recunoscut de aceștia. Oberth a fost un critic al sistemului de învățământ al vremii, comparându-l cu o mașină cu farurile ațintite înapoi, lipsită de viziune de viitor.

În 1923, Hermann Oberth a publicat cartea Racheta în spațiul interplanetar, iar în 1929, Moduri de a călători în spațiu.

În anii 1928-1929, Hermann a lucrat la Berlin în calitate de consultant științific la primul film din istorie cu acțiune care se desfășura în spațiu: Femeile de pe Lună. Filmul a fost produs de UFA-Film Co., în regia lui Fritz Lang și a avut un succes enorm în popularizarea noii științe a rachetelor.

În toamna lui 1929, Hermann Oberth a lansat prima sa rachetă cu combustibil lichid, numită Kegeldüse. În aceste experimente a fost asistat de studenți de la Universitatea Tehnică din Berlin, printre care se afla și Wernher von Braun. La construirea primei rachete de mari dimensiuni din lume, numită A4, dar cunoscută astăzi mai degrabă sub numele V2, s-au folosit 95 dintre invențiile și recomandările lui Hermann Oberth.

În 1938, familia Oberth s-a mutat din Sibiu. Mai întâi s-a mutat în Austria, unde a lucrat la Colegiul Tehnic din Viena, apoi în Germania, unde a lucrat la Colegiul Tehnic din Dresda, ajungând în final la Peenemünde (angajat sub numele fals Fritz Hann), unde studentul său Wernher von Braun construise deja racheta V2.

La sfârșitul războiului, Hermann Oberth lucra la complexul WASAG, de lângă Wittenberg, la rachete cu combustibil solid, pentru apărare aeriană. După terminarea războiului și-a mutat familia la Feucht, lângă Nürnberg.

În 1948, lucra în calitate de consultant independent și scriitor în Elveția. În 1950, a încheiat în Italia munca pe care o începuse la WASAG. În 1953, s-a întors la Feucht pentru a ajuta la publicarea cărții sale Omul în spațiu în care descria ideile sale legate de un reflector spațial, o stație spațială, o navă spațială electrică și costume de cosmonaut.

Între timp fostul său student Wernher von Braun fondase un institut pentru explorare spațială în Statele Unite ale Americii, la Huntsville, Alabama, unde i s-a alăturat și Hermann Oberth. Aici Hermann Oberth a fost implicat într-un studiu numit Dezvoltarea tehnologiei spațiale în următorii zece ani. La sfârșitul lui 1958, Hermann Oberth, din nou în Feucht, a găsit timpul să își pună pe hârtie și să publice gândurile sale legate de posibilitățile tehnologice ale unui vehicul lunar, o catapultă lunară, un elicopter, un avion silențios și altele. În anul 1960, a lucrat la Convair, în calitate de consultant tehnic pentru dezvoltarea rachetelor Atlas, în Statele Unite.

Hermann Oberth s-a retras în 1962, la vârsta de 68 de ani. Criza petrolului din 1977 l-a făcut să se concentreze asupra surselor alternative de energie, aceasta ducând la concepția planului unei centrale eoliene. Principalele sale activități, după ce s-a retras, au fost însă legate de filosofie, Hermann Oberth mai scriind încă niște cărți legate de acest subiect.

Hermann Oberth s-a stins din viață la 28 decembrie 1989, la vârsta de 95 de ani, la Feucht.

Hermann Oberth s-a căsătorit în jurul vârstei de 35 de ani cu Tilli Oberth (născută Hummel), cu care a avut patru copii, dintre care un băiat a murit pe front în al Doilea Război Mondial, iar o fată a murit curând după aceea, în august 1944, într-un accident de muncă.

După moartea sa, s-a deschis la Feucht Muzeul Spațial Hermann Oberth, unde cercetările sale și rezultatele acestora sunt disponibile publicului. Societatea Hermann Oberth pe de altă parte aduce laolaltă oameni de știință, cercetători și astronauți din toată lumea pentru a-i continua opera.

Elie Carafoli (15 septembrie 1901 Veria-Salonic, Grecia - 1983 București) Născut în orașul Veria, lângă Salonic, într-o familie de aromâni, Elie Carafoli, a fost unul dintre cei mai prestigioși specialiști în mecanica fluidelor și construcții aerospațiale.

A terminat școala Politehnică din Bucuresti, unde obține diploma de inginer electromecanic, în 1924.

Continuă studiile la Sorbona, devenind licențiat și doctor în științele fizico-matematice. În timpul celor trei ani și jumătate de studii, lucrează la Institutul Aeronautic Saint-Cyr și la catedra de mecanica fluidelor, publicând numeroase lucrări teoretice și experimentale, care se tipăresc în capitala Franței.

Întors în țară, în 1928, este numit conferențiar de aerodinamică și mecanica avionului la Școala Politehnică din București și inginer șef al Serviciului studii proiectare și încercări, iar apoi director al Fabricii de Celule (avioane) de la IAR Brașov, unde va rămâne până în 1936.

Aerodinamica era o disciplină nouă, care apăruse din necesitatea de a înțelege exact fenomenele ce au loc în jurul avionului, pentru a putea stabili formele cele mai potrivite pentru aeronave și pentru a determina cu precizie forțele care acționează pe diversele organe ale acestora, având ca obiectiv dimensionarea și optimizarea.

La IAR Brașov s-a remarcat printr-o activitate intensă, fiind un specialist în construcția și calculul avioanelor, concepând, împreună cu Lucién Virmoux (reprezentantul Uzinelor Blériot Spad), un avion de vânătoare monoplan cu aripă joasă, IAR-11 CV (în 1930), printre primele de acest fel din lume.

Acest avion de vânătoare era echipat cu un motor Hispano-Suiza 12Mc, de 500 CP, şi a fost destinat depăşirii recordului de viteză şi al plafonului de urcare (de 5000 m).

Principalele caracteristici ale acestui avion sunt: anvergură 11,5 metri, lungime 6,98 metri, suprafaţa aripii 18,2 mp, greutate totală 1.510 kg, viteza maximă 325 km/oră, plafon de ridicare 10.000 metri; timp de urcare la 5000 metri 5 min şi 15 s.

Mai târziu, proiectează şi realizează aparatele IAR-14 şi IAR-15, având o contribuţie şi la proiectarea vestitului IAR-80.

În 1931 devine profesor. Cercetările sale pentru noi forme și profile de aripă, mai rapide și mai rezistente, cu vârf rotunjit, au fost consacrate sub numele de profile Carafoli.

În 1933 devine profesor titular definitiv, fiind deja recunoscut pentru cercetările originale privind aripa de anvengură infinită, metode de trasare a profilelor aerodinamice, instalațiile de vizualizare (denumite Toussaint-Carafoli), teoria suprafețelor portante permeabile, teoria jeturilor laterale la aripile de avion cu alungire mică; dezvoltă teoria aripii de anvergură finită, studiul interacțiunii aripă-fuselaj și aripă-sol, teoria biplanului, ocupându-se și de aerodinamica supersonică.

Carafoli a rezolvat un număr foarte mare de probleme de mecanica fluidelor și de gazodinamică generală.

Mai amintim contribuțiile sale la studiul aripilor deformate, la determinarea distribuției circulației în lungul anvergurii aripii portante, precum și faptul că a dat formula generală a defecțiunii curentului în aval de aripă.

Moare în 1983 la București.

Anastase Dragomir (1896 - 1966) Dacă la sfârșitul sec. XIX, începutul sec. XX, mulți entuziaști ai aviației erau preocupați de construcția avioanelor și de pilotarea acestora, un tânăr pe nume Anastase Dragomir și-a concentrat atenția pe siguranța aparatelor de zbor și mai ales a pasagerilor de la bordul lor. Anastase Dragomir era pasionat, ca mulți dintre tinerii acelei perioade, de problemele aviației.

A fost un inventator român din domeniul aviației, cel mai cunoscut pentru invenția unei versiuni timpurii a unui scaun ejectabil, care a fost brevetată la Paris, în 1930, de care a beneficiat împreună cu un alt inventator român, Tănase Dobrescu.

Invenția consta dintr-o așa numită celulă parașutată, un scaun detașabil și ejectabil vertical (prevăzut cu două parașute) dintr-o aeronavă sau din orice tip de vehicul, conceput a fi folosit doar în cazuri de urgență, și care reprezenta o versiune timpurie, dar suficient de sofisticată, a actualelor scaune ejectabile.

Modelul conceput de Dragomir și Dobrescu a fost testat cu succes la data de 25 august 1929 pe aeroportul Paris-Orly, din apropierea Paris-ului, Franța, respectiv ulterior, în octombrie 1929, la aeroportul Băneasa, lângă București.

În anul următor, Dragomir și Dobrescu au obținut patentarea oficială a acelui "cockpit catapultabil" la Oficiul francez de invenții sub numărul 678.566 din 2 aprilie 1930 (dar cu prioritatea patentării datată anterior la 3 noiembrie 1928, data depunerii cererii de brevetare - FRD678566 19281103), sub numele oficial de Nouveau système de montage des parachutes dans les appareils de locomotion aérienne (în limba română, Nou sistem de montare al parașutelor la aparate de locomoție aeriană).

Radu Manicatide (17 aprilie, 1912, Iași – 18 martie, 2004, București) a fost un inginer constructor de aeronave și pilot român.

Dintre inginerii care au contribuit la proiectarea și realizarea de aeronave de concepție și construcție proprie, nu poate fi omis Radu Manicatide. Acesta s-a născut la Iași, la 17 aprilie 1912, și a urmat Șoala Politehnică din București și Școala de Aeronautică și Construcții Automobile din Paris (unde a fost șef de promoție), în perioada 1931-1937.

Încă din aprilie 1926 era preocupat de aviație, câștigând cu un planor propriu, M-1, locul I la concursul de aeromodele și planoare.

În 1931 a făcut școala de pilotaj, luându-și brevetul.

În 1935, a realizat avioanele monobloc RM-5 (cu greutatea maximă de 200 kg și viteza maximă de 120 km/h) și RM-7 (cu greutatea maximă de 240 kg și viteza maximă de 135 km/h).

Din anul 1939, inginerul Manicatide, specialist în structuri, a lucrat la IAR Brașov, ca șef al serviciului de studii structuri, apoi ca șef al atelierului de prototipuri și experimentări, unde a participat la realizarea avioanelor proiectate la IAR (IAR-27, IAR-37 si IAR-80) și a avioanelor sub licență (IAR-79-Savoia Marchetti, Me-109-Messerschmitt).

Continuându-și preocupările mai vechi, în 1942 a realizat la IAR Brașov avionul monobloc RM-9 (cu greutatea maximă de 350 kg și viteza maximă de 138 km/h).

În 1944, Radu Manicatide a realizat avionul bibloc cu ampenaj orizontal dispus în față (tip rață), RM-11 (cu greutatea maximă de 530 kg și viteza maximă de 175 km/h), iar în 1949 a construit, tot la Brașov avionul bibloc de școală IAR-811 (cu greutatea maximă de 650 kg și viteza maximă de 150 km/h).

Din 1950, la Uzina de Reparații Material Volant - URMV 3, sub conducerea sa s-au construit avioanele IAR-813 (cu greutate maximă de 750 kg și viteza maximă de 192 km/h), cu care s-au obținut recorduri omologate de Federația Aeronautică Internațională.

În 1953, a proiectat și realizat avionul bimotor IAR-814 (cu greutatea maximă de 2.030 kg și viteza maximă 272 km/h), cu care s-a obținut, de asemenea, un record mondial de viteză pe circuit închis, omologat de FAI.

Din 1955, tot la URMV 3, s-au construit avioanele IAR- 817 (greutate maximă 1.150 kg și viteza maximă de 175 km/h).

Radu Manicatide s-a mutat la București, la Întreprinderea de Avioane, realizând în serie IAR-818, intrat în dotarea aviației agricole și sanitare.

În 1956 a creat avionul bimotor MR-2, derivat din IAR-814 (cu greutate maximă 2.080 kg și viteza maximă de 275 km/h).

După 1967, Radu Manicatide, în colaborare cu Institutul de Mecanica Fluidelor și Cercetări Aerospațiale, a proiectat avioanele IAR-822, IAR-823, IAR-826 și IAR-827, care au fost realizate la ICA Ghimbav.

Iosif Silimon (22.iulie.1918-08.februarie.1981) a fost un proiectant și constructor de excepție în domeniul planoarelor și motoplanoarelor.

S-a născut la 22 iulie 1918 și a urmat Școala Politehnică din București, pe care a absolvit-o ca inginer electromecanic, în specialitatea aeronautică, în 1941.

Începând cu același an, Silimon a intrat în activitate la IAR Brașov, la birourile de studii, iar apoi a devenit șef al atelierului de producție avioane ușoare.

În 1944, a fost numit șeful secției de montaj, iar după 1945, odată cu transformarea IAR în fabrică de tractoare, a participat la realizarea primului tractor românesc, IAR-22.

Din 1949, a început realizarea planoarelor de tip IS, proiectând și construind peste 30 de tipuri de planoare și motoplanoare.

Silimon a fost și pilot planorist, luând brevetul în 1944, la Aeroclubul Sânpetru, iar în 1947 și brevetul de pilot de avioane.

În 1956, a obținut insigna C de argint a FAI, pentru performanțele sale în pilotarea planorului.

În 1949, a realizat la Sânpetru primul său planor, IS-2, continuând după 1950, la URMV 3 cu IS-3.

A fost principalul artizan al reluării tradiției industriale în branșă, la Brașov, respectiv al înființării, în noiembrie 1968, a Întreprinderii de Construcții Aeronautice de la Ghimbav, unde a fost inginer șef și apoi, din 1980, director tehnic.

Pe lângă realizarea de planoare, a proiectat și supervizat construcția avioanelor IS-23 și IS-24.

A susținut colaborarea franco-română în construcția de elicoptere, coordonând realizarea, sub licența AEROSPAȚIALE, a elicopterelor Alouette și Puma.

În 1976, a realizat motoplanorul biloc IS-28 M2, care a zburat pe distanța Brașov-Tocumwal (Australia), pe un traseu de 18.000 km, ceea ce reprezintă o performanță.

În 1977, a proiectat și realizat prototipul motoplanorului biloc tandem IS-28 M1 și prototipul planorului biloc de performanță IS-32, cu anvergura de 20 metri.

Cu planoarele sale biloc IS-28 B2 s-a obținut, în aprilie 1979, recordul mondial de 829 kilometri dus-întors, în Pennsylvania, de către doi piloți americani.

Una din preocupările inginerului Silimon a fost și realizarea unor vehicule cu pernă de aer, în scopuri utilitare.

Moare în 8 februarie 1981, la numai 63 ani.

Elena Caragiani-Stoenescu (13.mai.1887 - 29.martie.1929)

S-a născut la Tecuci, la 13 mai 1887 ca primă fiică a ilustrului doctor Alexandru Caragiani și a Zeniei Caragiani - născută Radovici. Familia Caragiani a imigrat în Țara Românească din Macedonia, de la Avdela, din Pind. Tatăl ei a fost fratele distinsului profesor universitar de literatură elină, academician, membru al Junimei - Ioanne Caragiani.

Alexandru Caragiani s-a distins încă din timpul Războiului de Independență, ajungând până la porțile Vidinului cu primii sanitari, ca student la medicină. Diploma de medic a obținut-o în 1878 la Viena.

Elena Caragiani era deja licențiată în Drept când în Apus au apărut primele aripi ce se avântau pe căile fără urme ale văzduhului.

S-a interesat de zbor la unele persoane competente, cum a fost de exemplu locotenentul-pilot Andrei Popovici (mai târziu general), care prin căsătoria cu sora ei, Florica, i-a devenit cumnat.

Apoi, primul zbor l-a făcut în 1912, cu fostul partener de echitație, căpitanul Mircea Zorileanu - posesorul de brevet de pilot nr. 3, eliberat de Franța în 1911. De acum, mirajul înălțimilor a captivat-o definitiv.

S-a înscris la Școala de Pilotaj a Ligii Aeriene a lui George Valentin Bibescu, având ca instructor pe Constantin Fotescu.

Prezența ei în rândul aviatorilor a stârnit mare indignare. Elena nu s-a descurajat, a continuat lecțiile și cu căpitanul Nicu Capșa, deținătorul brevetului nr. 4, eliberat de o școală pariziană și cu Mircea Zorileanu, care, în primul război mondial avea să fie aureolat de faptele sale de arme.

Odată şcoala terminată, urma să primească brevetul de pilot civil. Toate cererile în acest sens înaintate ministrului Spiru Haret şi generalului Crăiniceanu i-au fost respinse.

Indignată de această nedreptate, s-a văzut nevoită să plece din ţară în Franţa, unde s-a înscris la Şcoala Civilă de Aviaţie din Mourmelon le Grand, în Champ de Chalon, condusă de Roger Sommer, unde a fost pregătită pentru examenul teoretic şi de zbor, pe care le-a luat cu brio. Federaţia Aeronautică Internaţională i-a eliberat Brevetul Internaţional de Pilot aviator cu nr. 1591 din 22.I.1914.

În 1914, în întreaga lume existau circa zece femei aviatoare, printre ele figurând şi românca Elena Caragiani.

România intrând în războiul balcanic a făcut demersuri să fie admisă ca zburătoare, chiar ca observator aerian. Şi acum a fost respinsă.

Sătulă de sfaturi, a plecat în Franţa unde s-a angajat ca reporteră la un mare cotidian, unde pentru deplasări îndepărtate folosea avionul. Acest lucru a dat ideea conducătorilor consorţiului de presă s-o angajeze în funcţia de corespondent de război. Aici a efectuat numeroase zboruri, scriind "reportaje din avion", fiind primele de acest fel din presa mondială.

Acest serviciu a făcut ca ea să călătorească mult şi în celelalte continente. A participat la acţiuni cu totul neobişnuite pentru o femeie: a vânat în junglă (presa vremii a scris că a omorât singură un elefant primejdios), a împuşcat tigri, a vânat balene, mânuind foarte bine harponul.

În America, prezenţa aviatoarei române nu a trecut neobservată de cotidiene. Articolele apărute chiar succint, prezintă personalitatea Elenei Caragiani. Astfel, în ziarul german Staats Zeitung este trecută printre pasagerii vaporului de linie "Olympia" al societăţii White Star alături de personalităţi marcante cum erau: Paul Reboux - scriitor francez, contele şi contesa Dunmore, ex-senatorul de Illinois, Wiligm Lorimer şi cunoscutele surori Katherine şi Charlotte Poilon.

La coborâre din vapor a declarat reporterilor care au asaltat-o, că vrea să se înțeleagă cu aviatorii americani pentru organizarea unor raiduri aeriene peste Atlantic, vrea să provoace aviatoarele americance la executarea unui zbor deasupra oceanului. Pentru orice eventualitate și-a adus avionul propriu, un Blériot, monoplan cu care se va antrena în orașul Golden City, Long Island, imediat ce-l va asambla.

Prima mare conflagrație mondială din 1916 a avut un ecou adânc în sufletul ei. Țara fiind în grea cumpănă, s-a reîntors la datorie, considerând că trebuie să ajute la apărarea țării natale cu oricât de puțin. Și-a reînnoit cererea de admitere în corpul zburătorilor și de a lupta pe front. N-a izbutit nici de data aceasta, poate și din cauză că numărul total de avioane cu care intrase în război România era de doar 26.

Văzându-se din nou refuzată, a cerut ca măcar primească să transporte materiale sanitare și medicamente pe front, iar de la spitalele de campanie de pe linia întâi, să evacueze răniții grav spre spitalele interioare. Prin această propunere Elena Caragiani a preconizat înființarea aviației sanitare, deziderat ce s-a realizat la noi în țară după un sfert de veac.

A mai făcut un raid - în țară fiind - de la Craiova la Tecuci, lucru foarte însemnat pentru anii aceia.

După război s-a căsătorit cu avocatul Virgil Stoenescu cu care s-a stabilit la Paris.

De aici a fost trimisă în Mexic, de un mare cotidian francez, ca reporter pentru evenimente aeriene.

Eforturile mult prea mari pe care le depunea au făcut ca, pe nesimțite, să se îmbolnăvească de ftizie (TBC), care a măcinat-o încet și neiertător. Cu părere de rău pentru tot ce cunoscuse, pentru tot ce-i rămăsese necunoscut, s-a retras în țara natală, ca spre un loc de odihnă a trupului istovit.

S-a stins din viață la numai 42 de ani, la 29 martie 1929 și este înmormântată la cimitirul Bellu (fig. 45 bis, locul 13), un loc învăluit în umbră și tăcere, așa cum și-a dorit.

Petre Constantinescu (08.noiembrie.1914 – 29.ianuarie.1992)

S-a născut la 8 noiembrie 1914 în orașul Buzău.

După absolvirea liceului în Buzău, a urmat Școala de Ofițeri de Artilerie la Timișoara pe care a absolvit-o în 1935 și apoi Școala Specială a Artileriei în 1936 în București.

În ianuarie 1939 un număr de 30-40 ofițeri (sublocotenenți și locotenenți de infanterie, artilerie, cavalerie și marină) din toată țara s-au întâlnit la Centrul de Instrucție al Aviației de pe aerodromul Pipera din București pentru a urma un curs de formare de observatori aerieni în armele terestre și marină. Aceștia, detașați în timp de război în aviație, urmau să asigure conlucrarea aviației de informații și de recunoaștere cu celelalte arme. Printre ei se afla și sublocotenentul de artilerie Petre B. Constantinescu. Toți erau detașați pe baza unei cereri personale.

Brevetat observator aerian, la 1 august 1939, sublocotenentul Petre B. Constantinescu face o cerere către Centrul de Instrucție al Aviației de transferare definitivă în aviație, urmând a mai face încă o școală: Cursul Tehnic Complementar cu durata de un an.

La începutul lui noiembrie 1939 toți cei care făcuseră aceeași cerere se întâlnesc la Școala de Ofițeri de Aviație de la Cotroceni unde s-a constituit o clasă specială a noilor aviatori proveniți din alte arme.

La 31 octombrie 1940, pe aerodromul Otopeni, cu procesul verbal Nr. 108, Comisia de Brevetare compusă din aviator Scarlat Rădulescu comandantul Școlilor și al Centrelor Aeronautice ca președinte și membrii: căpitan comandor Gh. Davidescu, comandor aviator Caloianu - delegatul C.F.A., căpitan aviator Popârda Vasile - șef de pilotaj și căpitan aviator Lăzărescu Florea - instructor eseior, în urma unei probe executată de fiecare pilot, a acordat acestora "brevetul de pilot de război". Astfel sublocotenentul Petre B. Constantinescu dobândește brevetul de pilot de război și apoi este confirmat definitiv în aviație.

Câțiva dintre proaspeții piloți de război, printre care și Petre B. Constantinescu sunt opriți în cadrele Școlii de Ofițeri de Aviație având funcția de inspector de studii și comandanți de secție de elevi.

În iulie 1941 Școala de Ofițeri de Aviație a împărțit proaspăta promoție de absolvenți în două grupe. O primă grupă - cei care urmau să devină piloți de vânătoare - a fost trimisă la Centrul de Perfecționare a Pilotajului la Ghimbav. Petre B. Constantinescu era comandantul acestei grupe având în sarcină probleme administrative și de disciplină. A doua grupă - cu cei destinați să devină piloți de bombardament - a fost trimisă la Turnu-Severin. Comandant al grupei de viitori bombardieri a fost numit locotenentul Alexandru Șerbănescu.

Odată ajuns la Ghimbav, locotenentul Constantinescu B. Petre trimite un raport la București, la comandantul școlii, cerând aprobarea să facă și el școala de perfecționare, pentru a deveni pilot de vânătoare. Cererea a fost aprobată și la 7 octombrie 1941 - cu procesul verbal Nr. 8, semnat de comandor aviator Budac Coriolan, comandantul Centrului de Perfecționare și de căpitanii Suciu și Deac - este brevetat vânător pe avionul PZL 22B.

Sublocotenenții, al căror comandant administrativ era, au continuat antrenamentul și, ulterior, au fost brevetați și ei direct piloți de război de vânătoare.

În ianuarie 1942, la cererea sa insistentă de a fi mutat într-o unitate de luptă, Petre B. Constantinescu este transferat la Flotila 3 Vânătoare Galați unde, atunci, era comandant comandorul Mărășescu Anton (Mache). Aici face parte din Escadrila 50 Vânătoare comandată de căpitan aviator Enea Constantin și având baza pe aerodromul Cetatea Albă.

În perioada 27 iunie 1942 - 31 iulie 1942 execută 31 misiuni de război, făcând protecția unor convoaie maritime pe Marea Neagră în zona Burnas-Odesa.

Este avansat la gradul de căpitan aviator.

În perioada 1 mai 1943 - 8 octombrie 1943, având gradul de căpitan aviator Petre B. Constantinescu este comandantul Escadrilei 45 Vânătoare din Flotila 3 Vânătoare Galați, detașată la Târgșor cu misiunea de a apăra zona petrolieră contra eventualelor atacuri ale aviației anglo-americane. Escadrila execută zilnic misiuni de patrulare în zonă. Avioanele pe care a zburat - IAR 80.

La 1 august 1943 Escadrila 45 Vânătoare a participat, în zona Câmpina, la lupta aeriană contra celor 175 bombardiere quadrimotoare Liberator, doborând cinci din acele avioane.

După această bătălie aeriană escadrila a trecut de la Flotila 3 Vânătoare Galați în componența Flotilei 2 Vânătoare Târgșor, având denumirea de Escadrila 59 Vânătoare și fiind comandată de căpitan aviator Petre B. Constantinescu. Avioanele vechi, obosite și insuficiente (rămăseseră în funcție numai cinci) au fost înlocuite cu 15 avioane noi IAR 81C.

Pe data de 9 octombrie 1943 escadrila a schimbat și aerodromul, instalându-se pe aerodromul Popești-Leordeni, București. La începutul lunii noiembrie 1943 au sosit la Popești-Leordeni și Escadrilele: 61 Vânătoare comandată de locotenentul aviator Dumitrescu Mircea și 62 Vânătoare comandată de locotenentul aviator Posteucă George. Cele trei escadrile au constituit Grupul 6 Vânătoare comandat de căpitan aviator Vizanti Dan Valentin. Escadrila 59 Vânătoare fusese până atunci escadrila izolată.

Astfel constituit, Grupul 6 Vânătoare a acționat între octombrie 1943 și 23 august 1944 la toate acțiunile de luptă de zi contra aviației americane de bombardament și de vânătoare.

Căpitanul aviator Petre B. Constantinescu a zburat în fruntea Escadrilei 59 Vânătoare la toate misiunile de luptă, mai puțin două.

5 aprilie 1944

Căpitanul aviator Petre B. Constantinescu doboară un avion Boeing-Fortress; zona - deasupra orașului Ploiești;

altitudinea de zbor 7500m. Căpitanul era în fruntea escadrilei 59 Vânătoare zburând în acea zi avionul IAR 81 nr. 313.

A fost o zi norocoasă: toate avioanele s-au întors la bază, multe purtând pe fuselaj și pe aripi găuri lăsate de proiectile.

24 aprilie 1944

Zi în care americanii au bombardat și Ploieștiul și Bucureștiul. Grupul 6 Vânătoare este dirijat de "Tigru" să acționeze la București. Înălțimea 7500m.

Escadrila 59, în formație plan la plan, atacă formația de Liberatoare picând din dreapta sus. Constantinescu B. Petre ochește avionul din dreapta capului formației. Trage de la 200m până aproape de 100m când degajează prin viraj strâns spre dreapta. Vede clar cum sar bucăți din aripa dreaptă; de asemeni, cum se deschide o ușă laterală pe fuselaj și, unul câte unul, oamenii din echipaj sar cu parașutele.

Toți piloții escadrilei își deslănțuie mitralierele și tunurile asupra cetăților zburătoare din dreapta formației, privind cum jerbele trasoarelor trimise de ei pătrund în fuselajele și aripile uriașelor avioane. Apoi escadrila repetă atacul pe celule, trăgând succesiv în formația inamică.

Sosiți cu bine pe aerodrom, simt din plin bucuria vieții și a sfârșitului norocos al luptei. Își controlează avioanele, numără găurile apărute pe ele și se bucură că gloanțele americanilor nu i-au atins și pe ei.

5 mai 1944

O puternică formație de Boeing-Fortress atacă Ploieștiul. Grupul 6 Vânătoare a ieșit în întâmpinare. În această zi Escadrila 59 este cap de grup. Înălțimea de zbor 7000m.

La atacul frontal (de jos în sus) avionul IAR 81C nr. 317 pilotat de căpitanul aviator Petre B. Constantinescu este avariat de tirul inamic în timp ce căpitanul executa tragere cu tot armamentul de zbor. Motorul s-a oprit și căpitanul este scos din luptă. A reușit să aterizeze avionul pe burtă pe o arătură la cca

2km de comuna Cornăţelu, judeţul Dâmboviţa. Avionul a fost recuperat şi trimis cu trenul la IAR Braşov pentru reparaţii.

În baza propunerii ce s-a făcut de către Grupul 6 Vânătoare după luptele ce s-au desfăşurat până la 5 mai 1944, căpitanul aviator Petre B. Constantinescu este decorat cu Virtutea Aeronautică cu spade clasa crucea de aur cu prima baretă.

31 mai 1944

În zona Ploieştiului luptă cu formaţia de avioane Liberator care bombardează Rafinăria Româno-Americană. Căpitanul Constantinescu B. Petre doboară un avion Liberator. Înălţimea de zbor 7500m.

10 iunie 1944

O formaţie de avioane de vânătoare americane de tip Lightning atacă, după ora 11, în zbor la sol aerodromul Popeşti-Leordeni. Alertat din timp, Grupul 6 se afla în aer, deasupra aerodromului la 3000m. În acea zi Escadrila 59 a decolat ultima.

Lupta s-a încins în două puncte apropiate, în zona satului Frumuşani, la sud de Bucureşti. Un grup de Lightning-uri a fost atacat de Escadrilele 61 şi 62 în frunte cu comandantul Grupului 6 Vânătoare, locotenent comandor aviator Vizanti Dan, iar cel de al doilea de Escadrila 59 în frunte cu căpitan aviator Petre B. Constantinescu. *Lupta a durat cca 15 minute şi au fost doborâte în total 25 avioane inamice.* Un Lightning a fost doborât de către căpitanul aviator Petre B. Constantinescu care a pilotat avionul IAR 81C nr. 313. Înălţimea de luptă a fost între 50 - 150m.

La regruparea Escadrilei 59 în fir indian pentru a merge la aterizare, bucureştenii care ieşiseră la prealarmă din oraş pe şoseaua Olteniţei, lângă linia de centură a Bucureştiului şi avuseseră ocazia unică de a fi spectatori ai luptei de foarte aproape, făceau avioanelor semne de bucurie, aruncau în sus cu pălării şi alte obiecte.

Din Escadrila 59 s-au întors din luptă toate avioanele cu piloții lor nevătămați.

Din Escadrila 61 a căzut doborât în luptă adjutantul Giurgiu.

Din Escadrila 62 nu au mai venit la bază avioanele piloților locotenent aviator Limburg Nicolae și adjutant aviator Tari Victor. Aceștia s-au ciocnit în aer în încâlceala luptei. Amândoi piloții au murit.

Din Escadrila 59 a murit ofițerul mecanic Nanculescu care, după decolarea avioanelor de vânătoare pentru luptă, s-a urcat într-unul din bimotoarele școlii de zbor fără vizibilitate care își dispersa avioanele și personalul. Dar Lightning-urile atacatoare i-au surprins când rulau încă pe teren spre punctul de decolare; pe unele le-au incendiat făcând și multe victime.

23 iunie 1944

Alarmat, Grupul 6 Vânătoare era în aer la 6500m înălțime, la jumătatea distanței dintre București și Ploiești. În acea zi se aflau împreună cu căpitanul aviator Petre B. Constantinescu, în zbor în formația Escadrilei, încă șapte coechipieri. Sunt atacați de o formație de Mustang-uri care a plonjat de deasupra escadrilei și dinspre soare. Extrema dreaptă a formației, adjutant aviator Dimache Constantin este lovit de o rafală trasă de Mustang-uri și avionul incendiat. A sărit cu parașuta dar șocul produs de deschiderea automată a parașutei i-a smuls centurile de siguranță de pe umeri. El s-a prins cu mâinile de centurile dintre picioare dar, având arsuri la ambele mâini, nu s-a putut ține de parașută până la aterizarea acesteia. A căzut din parașută pe pământ, cu capul în jos și a murit.

Adjutantul Dimache Constantin avea un talent artistic deosebit. Urma ca la sfârșitul războiului să devină membru al trupei teatrului Cărăbuș, al lui Constantin Tănase, cu care avea deja semnat un precontract. El era cel care cânta melodia "*Costică, Costică, fă lampa mai mică...*". Din păcate la sfârșitul tuturor ostilităților nu au mai existat nici el, și dealtfel nici chiar marele Constantin Tănase.

Celelalte avioane, virând pe sub atacatori s-au trezit izolate de grup şi angajate în luptă cu Mustang-urile. Căpitanul aviator Constantinescu B. Petre a rămas singur în luptă cu trei Mustang-uri care au ales să-l atace în şir indian, încercând să-l doboare folosind viteza superioară şi armamentul lor mai puternic. Căpitanul Petre B. Constantinescua a fost obligat să obţină viteză angajând avionul în picaj, iar la momentul considerat oportun - atunci când avioanele Mustang declanşau tirul mitralierelor, să vireze în scurt, profitând de maniabilitatea superioară a avionului românesc IAR 80/81C. Aşa a reuşit să evite primul atac, dar a şi constatat că, la ieşirea din virajul brutal, putea declanşa el atacul asupra ultimului Mustang din şirul avioanelor americane. A continuat lupta şi la revenirea atacatorilor a reuşit să doboare ultimul avion din şirul indian al vânătorilor americani. Celelalte două avioane americane au decis să renunţe la luptă şi s-au retras. A fost o acţiune disperată a căpitanului Petre B. Constantinescua dar care a dat curaj şi încredere aviatorilor români din grupul de apărare a zonelor Ploieşti şi Bucureşti.

În septembrie 1944 căpitanul aviator Petre B. Constantinescu este transferat la cerere la Centrul de Instrucţie al Aviaţiei la Buzău şi Cristian - Braşov, iar la 22 februarie 1946 este trecut în rezervă, conform datelor publicate în ziare la rubrica "Ofiţeri activi trecuţi în cadrele de rezervă" la capitolul "Aviaţie" unde numele său a apărut atunci împreună cu al locotenentului aviator Chiaburu Rodion.

La 22 martie 1947 este avansat în rezervă la gradul de comandor aviator şi după 1990 este avansat la gradul de locotenent colonel de aviaţie.

În viaţa civilă a parcurs o frumoasă carieră de constructor avansând treptat de la maistru constructor la Sovromconstrucţii 4 Trustul 16 Moineşti până la subinginer în construcţii gradaţia 6, şef al Atelierului de Proiectare Cartări Exproprieri din cadrul Direcţiei de Sistemizare şi Proiectare în Construcţii (DSAPC) Iaşi.

Lucrând la Moinești concepe o baracă octogonală demontabilă, destinată muncitorilor care lucrează pe șantiere izolate, brevetată ca invenție și folosită în faza de organizare de șantier pe mai multe locații din România.

Pentru activitatea sa profesională în construcții i se acordă de Comitetul Central al Sindicatelor Medalia Jubiliară pentru merite deosebite în întrecerea socialistă cinci ani consecutiv și, la 22 aprilie 1968, Medalia Muncii.

Se stinge din viață la 29 ianuarie 1992, la Iași.

Pe crucea sa stă scris:

Am învățat de la părinții noștri să trăim frumos, chiar dacă nu ușor și să avem mereu plăcerea muncii noastre.

semnează

Copiii soților Constanța-Eleonora (Tanți) și Petre B. Constantinescu:

Mariana Hantelmann, Ileana-Cătălina David și Bucur-Ion Constantinescu.

Dumitru Dorin Prunariu (n. 27 septembrie 1952, Brașov) este primul cosmonaut român.

La 14 mai 1981 a devenit primul și deocamdată singurul român care a zburat vreodată în spațiul cosmic. A participat la misiunea Soiuz 40 din cadrul programului spațial „Intercosmos" și a petrecut în spațiu 7 zile, 20 de ore și 42 de minute.

Este de profesie inginer aeronautic. A fost pe rând ofițer inginer în cadrul Comandamentului Aviației Militare, șef al Aviației civile române, președinte al Agenției Spațiale Române, ambasador al României în Federația Rusă, președintele Consiliului de ne-militarizare a spațiului cosmic din cadrul ONU. În prezent are gradul de general maior (cu 2 stele) în rezervă.

Născut în orașul Brașov la 27 septembrie 1952, Dumitru Prunariu a absolvit Liceul de Matematică-Fizică nr.1 din orașul natal în anul 1971. Tatăl său era de profesie inginer, iar mama cadru didactic la o școală generală. Pasiunea lui Prunariu pentru zbor s-a manifestat încă din copilărie, așa cum declară într-un interviu:

„De mic copil mi-am dorit să zbor. Închideam ochii și simțeam că plutesc peste munți, văi, descopeream lumi noi. M-au fascinat întotdeauna abisul albastru, înălțimile infinite.

În final, am ajuns să zbor în Cosmos. Visele împlinite sunt ca un cerc de lumină pe trunchiul vieții, o iradiere benefică. În cosmos, universul tău apropiat nu mai este reprezentat de casă, stradă, vecini, ci de însăși planeta natală. Pământul, pe lângă dimensiunea fizică pe care o poți aprecia direct, la adevărata ei valoare și măreție, are și o puternică dimensiune morală. Dintr-un zbor cosmic te întorci mult mai stăpân pe tine, mai matur, mai apropiat de oameni și de natură, cu o viziune mult mai globală a fenomenelor și activităților terestre. Cu toate că nu ești singur în aparatul de zbor, singurătatea, acolo sus, e destul de puternică. Te simți dintr-o dată rupt de ambientul tău natural, în care te-ai născut și dezvoltat."

Micul Prunariu și-a început calea spre stele de la cercul de aeromodelism de la Casa pionierilor din Brașov, unde construia modele de planoare și de avioane, visând să devină constructor de aparate de zbor. Avea 17 ani când a dobândit premiul republican la Concursul de creații tehnice „Minitehnicus". Cu această ocazie a primit carnetul de membru Minitehnicus nr. 103. 11 ani mai târziu avea să devină cel de-al 103-lea pământean care a ajuns în Cosmos.

A absolvit Facultatea de Inginerie Aerospațială din cadrul Universității "Politehnica" din București în anul 1976 cu specializarea inginerie aeronautică. După finalizarea studiilor universitare, a lucrat ca inginer stagiar la Întreprinderea de Construcții Aeronautice (IAR) din Ghimbav (județul Brașov), între anii 1976-1977. Ulterior, în cartea „La cinci minute după cosmos", scrisă împreună cu ziaristul Alexandru Stark, Prunariu avea să spună că dacă nu ar fi fost cooptat în detașamentul cosmonauților, ar fi construit la uzină, împreună cu soția, elicopterele și avioanele atât de râvnite în copilărie.

În anul 1974 s-a căsătorit cu Crina Rodica Prunariu, cu care a fost coleg de facultate, actualmente diplomat în cadrul Ministerului Afacerilor Externe, fiind din 2007 ambasadorul României în Armenia. În 1975 s-a născut primul lor fiu, Radu-Cătălin, iar în 1977 al doilea fiu, Ovidiu-Daniel.

În mai 1977, au început să se facă selecționări pentru programul de zboruri cosmice Intercosmos, inițiat de către URSS și adresat țărilor aliate socialiste. Inițial, pentru detașamentul cosmonauților s-au oferit voluntar peste 150 de candidați, majoritatea fiind piloți de avioane supersonice și ingineri. <<Programul „Intercosmos" era un program cosmic bine definit, care avea prevederi foarte clare și o evoluție bine precizată: de la experimente care au fost efectuate în regim automat la bordul diferitelor rachete de mare altitudine sau nave cosmice sovietice, până la experimente complexe efectuate de cosmonauți.>>

  În timpul stagiului militar efectuat în cadrul Școlii de ofițeri de rezervă aviație de la Bacău, în mai 1977, comandantul de atunci al unității militare, locotenentul-colonel Ioan Săndulescu Stahie (cel care avea să devină mai târziu general-comandor de aviație și să îndeplinească funcția de comandant al Aviației și Apărării Antiaeriene a Teritoriului până în 1997), a intrat la curs și i-a anunțat pe inginerii militari TR că se fac selecționări pentru programul Intercosmos. 17 dintre ei au acceptat. După efectuarea testelor medicale la București, toți 17 au fost respinși. Motivul respingerii lui Prunariu a fost faptul că la probele de efort, pe fondul unei gripe de moment, i se depistaseră perturbații ale parametrilor inimii. La două luni după respingere, dosarele a cinci candidați între care și Prunariu au fost reluate, acesta reușind de data aceasta să treacă cu succes de toate probele. Din toate grupele de selecție au rămas în acea fază șapte candidați, doi au renunțat din motive personale, iar încă doi au fost eliminați după o pregătire inițială și ultimele faze de testare efectuate în țară.

  Dumitru Prunariu finalizează, în septembrie 1977, cursurile Școlii de ofițeri de rezervă aviație din Bacău, cu gradul de sublocotenent în rezervă.

  În toamna anului 1977, candidații cosmonauți au fost detașați de la locurile lor de muncă la unitatea militară de aviație de la Bacău, fiind incluși într-un program de pregătire multidisciplinar. Pregătirea a cuprins o serie de cursuri de pregătire teoretică efectuate la Academia Militară din

București, câteva zeci de ore de zbor pe avioane MIG 15 efectuate la Bacău și educație fizică și cursuri de limba rusă efectuate la Poiana Brașov. Ofițerul responsabil cu pregătirea fizică primise ordin ca în două luni să scoată din ingineri candidați cosmonauți sportivi de performanță. Pe fondul unor exagerări în solicitările la efort fizic fără perioade adecvate de recuperare, în caracterizarea lui Prunariu s-a scris: „oarecare lipsă de voință în pregătirea fizică". La data de 1 ianuarie 1978, erau totuși selecționați trei candidați ca membri ai grupului de pregătire a cosmonauților din cadrul Misiunii Spațiale Româno-Sovietice Intercosmos. Cei trei candidați erau ing. Dumitru-Dorin Prunariu, ing. Cristian Guran și căpitanul ing. Mitică Dediu. Înainte de zborul cosmic lui Dediu i s-a schimbat oficial prenumele din Mitică în Dumitru, iar referitor la Dumitru-Dorin Prunariu s-a decis ca în presă să apară doar cu prenumele Dumitru.

Aceștia trei au plecat la Moscova pentru a fi supuși unei evaluări finale de către specialiștii ruși din cadrul Institutului de Cercetări Biomedicale în domeniul aviației și cosmonauticii. Dumitru Dediu era cu 10 ani mai în vârstă decât Prunariu și cu 9 decât Guran și după regulile militare era considerat drept favorit. După testele de la Moscova, Cristian Guran (foarte bine pregătit profesional) a fost eliminat din echipa de potențiali cosmonauți români din cauza unor probleme ale aparatului vestibular.

În cele din urmă, Prunariu și Dediu au fost aleși să efectueze programul întreg de pregătire pentru a deveni cosmonauți. „Condiția mea fizică, adică sportivă, lăsa de dorit. S-a îmbunătățit abia la ruși. Medical, trecuserăm de toate testele", spune Dumitru Prunariu. Dumitru Dediu, însă, chiar dacă nu avea cele mai bune performanțe la capitolul științific, excela fizic și medical.

Timp de trei ani, în perioada martie 1978-mai 1981, Prunariu și Dediu au urmat o pregătire de specialitate în calitate de candidați cosmonauți la Centrul de Pregătire a Cosmonauților "Iuri Gagarin" din Zviozdnîi Gorodok - „Orășelul Stelar" (aflat în apropiere de Moscova).

A doua grupă Intercosmos care a început pregătirea în martie 1978 în "Orășelul Stelar" a constat din câte doi candidați din cinci țări: Bulgaria, Ungaria, Cuba, Mongolia și România. În acea perioadă zburau deja în cosmos reprezentanții primei grupe Intercosmos, formată din Cehoslovacia, Polonia și Germania Democrată. După un an, pe motive politice, rușii au adus în pregătire și candidați din Vietnam, incluși în a doua grupă Intercosmos. Toți candidații cosmonauți străini au locuit în „Orășelul Stelar" împreună cu familia, condiție impusă de partea rusă, ceea ce a fost un fapt benefic pentru toți, familia având ocazia să-și susțină moral candidatul, să învețe limba și să se integreze mediului de acolo.

La 12 mai 1981, Dumitru Prunariu a fost confirmat în mod oficial ca primul nominalizat în cadrul zborului spațial româno-sovietic, alături de cosmonautul sovietic colonel Leonid Popov - comandant de echipaj. Acesta era un cosmonaut experimentat și mai efectuase un zbor cu o durată de 186 de zile, la bordul stației cosmice „Saliut-6". Cosmonautul român Dumitru Dediu și cosmonautul sovietic Iuri Romanenko au fost numiți ca membri ai echipajului de rezervă. Dumitru Dediu a primit vestea cu resemnare, mai ales că aceasta a venit chiar în ziua lui de naștere: "Nu a fost ușor - recunoaște el - dar asta-i soarta, știam de la început că numai unul dintre noi va zbura". Dintre toți candidații din programul Intercosmos, Prunariu a fost singurul cosmonaut care a obținut la examenele și testările finale calificative maxime, în contradicție cu Dediu care a trebuit să repete unele examene pentru a putea fi declarat calificat măcar în echipajul de rezervă.

„Pentru mine, scopul întregii pregătiri l-a constituit zborul cosmic, așa cum era și normal. În toată perioada de pregătire nu m-am gândit niciodată ce va urma după aceea", afirmă Dumitru Prunariu.

După avaria majoră care a întrerupt în 1979 zborul primului cosmonaut bulgar, întregul program Intercosmos a fost decalat cu un an. Față de această amânare, decolarea rachetei Soiuz-40 a fost amânată și ea cu câteva zile față de data planificată din cauza unor defecțiuni descoperite înainte de ridicarea pe rampa de lansare.

Cu aproape trei săptămâni înainte de lansare cele două echipaje, principal și de rezervă, au fost aduse din Orășelul Stelar de lângă Moscova la cosmodromul Baikonur din Kazahstan, unde au continuat pregătirea în vederea lansării.

Spre seara zilei de 14 mai 1981, un autobuz special i-a adus pe cei doi cosmonauți din echipajul principal, echipați pentru zbor, către Platforma 17 de la cosmodromul Baikonur: colonelul sovietic Leonid Popov, cel care cu un an în urmă realizase recordul de durată în spațiul extraterestru de 185 de zile, și locotenentul major inginer Dumitru Prunariu. Cu două ore înainte de start echipajul a ocupat poziția de lansare în capsula navei cosmice aflată în vârful rachetei purtătoare, efectuând până la lansarea propriu-zisă o serie de teste ale aparaturii și sistemelor navei. La ora 20 16' 38" (ora Bucureștiului), de pe cosmodromul Baikonur, a fost lansată racheta purtătoare cu nava cosmică Soiuz-40 (în greutate totală de 300 tone), având la bord echipajul mixt româno-sovietic format din locotenentul major pilot ing. Dumitru Prunariu și colonelul cosmonaut Leonid Ivanovici Popov. După 8 minute și 50 de secunde nava cosmică se desprindea de ultima treaptă a rachetei purtătoare, aflânduse deja la 220 km altitudine, aprox. 3000 km de punctul de lansare și deplasându-se în jurul Pământului cu o viteză de 28000 km/h pe o orbită înclinată față de ecuator cu 51,6o. Prunariu a devenit astfel primul român din istorie care a zburat în spațiu. Conform planificării zborurilor

Intercosmos zborul avea să dureze aproape 8 zile, între 14 mai - 22 mai 1981.

Decolarea a decurs fără probleme. După înscrierea pe orbita circumterestră, verificarea parametrilor tehnici ai navei în condiții reale de zbor și efectuarea primei manevre orbitale de ridicare a orbitei, care au durat până la ora 4 dimineața a zilei următoare, cei doi cosmonauți au avut permisiunea să dezbrace costumele de scafandru cosmic, să treacă în modulul orbital și să se odihnească. S-au trezit a doua zi la ora 12, și după ce au mâncat, au efectuat a doua manevră de ridicare și corecție a orbitei navei cosmice în vederea începerii manevrelor de cuplare cu stația orbitală Saliut-6. În momentul cuplării, Soiuz-40 avea o viteză relativă față de stație de 0,3 m/s. „Îi auzim foarte bine pe vecini, echipajul Kovalionok și Savinîh, care se află în cosmos din luna martie".

La 15 mai, nava cosmică Soiuz-40 se cuplează la complexul orbital Saliut 6 – Soiuz T-4. Momentul cuplării a fost imortalizat pe film din interiorul stației orbitale. Primul care a trecut prin deschizătura trapelor deschise ale celor două obiecte cosmice, a fost Prunariu.

Au petrecut șapte zile pe stația orbitală Saliut 6. Acolo, cei doi cosmonauți s-au întâlnit cu cosmonauții sovietici Vladimir Kovalionok și Victor Savinîh, care se aflau deja pe orbita circumterestră din data de 21 martie 1981.

Pentru o săptămână au lucrat împreună, realizând 22 de experimente științifice, printre care cele denumite „Capilar", „Biodoza", „Astro" sau „Nanobalanța". Biodoza, de exemplu, a fost legat de studiul câmpului magnetic al Pământului și influența lui asupra organismelor vii. Marea majoritate a experimentelor efectuate au fost de concepție românească, iar aparatura realizată în România pentru acest scop s-a remarcat printr-un grad înalt de miniaturizare, fiabilitate și consum redus de energie, funcționând ireproșabil. Acestea au avut drept scop obținerea de informații deosebit de prețioase pentru lărgirea cunoștințelor în domeniul astrofizicii, fizicii nucleare și tehnologiei cosmice, iar experimentele biomedicale contribuie la completarea cunoștințelor existente privind comportarea organismului uman în condițiile specifice zborului cosmic, cât și la progresul cercetărilor fundamentale în domeniul medicinei aeronautice și al biologiei. Rezultatele obținute au fost utilizate pentru pregătirea zborurilor care au urmat.

Complexul cosmic cu echipajele la bord trecea de la noapte la zi și invers de 16 ori în 24 de ore. Tot de atâtea ori în exteriorul aparatelor cosmice se produceau variații de temperatură de aproape 300 grade Celsius (+150 de grade în zonele radiate de Soare și -150 de grade în timpul trecerii prin umbra Pământului). Prunariu ajunsese la performanța de a se îmbrăca în imponderabilitate în costumul de scafandru cosmic care avea 13 kilograme în timpul record de 7 minute. Acesta a înconjurat Pământul de 125 de ori, parcurgând 5.260.000 km, cu viteza de 28.500 km/oră, în 7 zile, 20 de ore, 42 de minute și 52 de secunde.

Pe la ora 19,30-20,00 treceam zilnic pe deasupra României. De acolo, de sus, România se vedea de mărimea unei pâini rumene de casă.

Ca și alți cosmonauți, datorită modificărilor care apar în organismul uman în imponderabilitate, Dumitru Prunariu a avut printre altele dureri de coloană în regiunea lombară aproape pe tot parcursul zborului cosmic. „Mă trezeam aproape regulat pe la 5 - 5,30 dimineața de durere și simțeam nevoia imediată de a mă mișca. În timpul liber, cam o oră și jumătate pe zi mă uitam prin hublourile stației cosmice admirând frumusețile Pământului. Spuneam că mergem "la plajă" pentru că Soarele "bronza" (vezi ardea) rapid și puternic. Televiziunea română ne pregătise și ea un program artistic pe niște benzi de video aflat atunci în fază primitivă, dar nu am apucat să vedem prea mult din el. Uneori udam ceapa verde, "plantată" în cârpe umed".

Programul de cercetare fiind încheiat, a avut loc revenirea din spațiul cosmic în data de vineri, 22 mai 1981, la ora 16,58, ora României. Capsula de coborâre a navei spațiale „Soiuz 40" (2/3 din navă nu se recuperează) a aterizat în condiții aproape normale pe pământ, conform programului, în zona stabilită de pe teritoriul Uniunii Sovietice, la 225 kilometri sud-est de orașul Djezkazgan, din stepa Kazahstanului. Aterizarea a fost cu unele peripeții, parașuta deschizându-se cu 4 secunde întârziere, la mai puțin de 9.600 km cum era prevăzut, ceea ce a prilejuit tuturor mari emoții. Descriind momentele de imediat după aterizare, Prunariu relatează: „Trecerea la greutatea normală a fost cumplită. Mă trezesc luat pe sus de patru membri ai echipei de căutare și sunt așezat lângă Popov care stătea pe un șezlong. Aveam impresia că sunt de plumb și că pământul se clatină sub mine. La cinci minute după cosmos, ca o mângâiere, am auzit vorbindu-se românește", mărturisea cosmonautul, referindu-se la Alexandru Stark, reporterul acreditat să relateze evenimentul. Așa amețit cum era, ajutat de ceilalți oficiali, Prunariu s-a îndreptat spre capsulă să semneze pe ea, conform obiceiului.

Misiunea a durat 7 zile, 20 de ore, 42 de minute și 52 de secunde, după un parcurs circumterestru de 5.260.000 de kilometri.

La momentul zborului, Dumitru Prunariu a fost cel de-al 103-lea cosmonaut al lumii; de atunci numărul cosmonauților a crescut la peste 450, și crește în permanență. Acest zbor de importanță epocală, a situat România în clubul select al țărilor participante direct la explorarea Universului și totodată atestă tradiția contribuțiilor marilor înaintași români la zborul omului printre stele.

Pentru realizarea cu succes a zborului cosmic, atât Prunariu, cât și Popov au fost decorați cu cele mai înalte ordine ale României și URSS. Din punct de vedere material, pentru realizarea sa istorică, Dumitru Prunariu a primit ca recompensă echivalentul a trei salarii sub formă de primă, acordată de ministrul apărării și a fost înaintat cu un an înainte de termen la gradul de căpitan. Autorităților de atunci le-a fost frică să nu fie refuzate de Ceaușescu în cazul în care ar face și alte propuneri de recompensare. În aceste condiții, trebuind să se mute cu familia în București unde a primit un post în cadrul Comandamentului Aviației Militare, Prunariu a fost obligat să locuiască jumătate de an la un cămin militar până să obțină o locuință, făcând apoi numeroase împrumuturi pentru a-și aranja apartamentul obținut și pentru stabilirea definitivă cu familia în capitala țării.

Din anul 1981 și până în anul 1998 Prunariu a fost, cu o pauză de aproape doi ani, inspectorul-șef pentru activități aerospațiale în cadrul Comandamentului Aviației Militare și apoi al Statului Major al Aviației și Apărării Antiaeriene.

"Aceasta era o funcție creată special pentru mine și care avea și o puternică latură de reprezentare. În această funcție, desigur, am beneficiat de suportul aviației militare, în principal pentru a participa la activități pe linie cosmică atât în țară cât și în străinătate. De nenumărate ori am fost solicitat să-mi prezint public experiența cosmică."

În anul 1990 a fost înaintat la gradul de colonel, fiind detașat pentru un an și jumătate la Ministerul Transporturilor pentru a îndeplini funcția de Subsecretar de stat și șef al Departamentului Aviației Civile (1990-1991).

În anul 1991 a absolvit cursul pentru cadre superioare din cadrul Institutului Internațional de Formare și Management pentru Aviație (IAMTI-IIFGA) de la Montreal (Canada). Din anul 1985 a fost doctorand în cadrul Institutului de Aviație din București. În anul 1999 a obținut titlul științific de doctor inginer în specialitatea "Dinamica sistemelor aerospațiale".

În anul 1990 a prezentat propunerea de înființare a Agenției Spațiale Române, dar punerea sa în practică a fost amânată. Agenția s-a înființat prin hotărâre guvernamentală în anul 1992, iar peste trei ani s-a reorganizat ca o instituție publică extrabugetară, lucrând prin contract cu Ministerul Cercetării și cu alte instituții, inclusiv private. Prin decizia guvernului, Agenția Spațială Română reprezintă România pe linie de activități cosmice la ONU, în relațiile cu agenții internaționale sau naționale, ca de exemplu: Agenția Spațială Europeană, NASA, CNES etc.

În perioada 1992-1995, Dumitru Prunariu lucrează prin colaborare externă în calitate de Secretar al Agenției Spațiale Române. Apoi, între anii 1995-1998, este membru în Consiliul de administrație al Agenției Spațiale Române. Începând din anul 1998 și până la desemnarea sa ca ambasador în Rusia, Dumitru Prunariu a îndeplinit funcția de președinte al Agenției Spațiale Române.

Din anul 1995, este vicepreședinte al Fundației EURISC - Institutul European pentru Managementul Riscului, Securității și Comunicării, fundație care și-a creat un nume respectat în zona activităților de integrare Europeană și Euro-atlantică.

În anul 1999 a absolvit cursurile Colegiului Național de Apărare, perioadă în care și-a adâncit preocupările și interesul pentru geopolitică. În paralel, predă un curs de Geopolitică și Spațiul Cosmic în cadrul Facultății de Relații Economice Internaționale a Academiei de Studii Economice din București.

Din data de 25 octombrie 2000, prin Decretul nr. 422 al Președintelui României, Emil Constantinescu, comandorul Dumitru Prunariu a fost înaintat la gradul de general de flotilă aeriană (general cu o stea) și decorat pentru activitatea profesională cu Ordinul Național "Steaua României" în grad de Mare Ofițer. Ulterior, prin Decretul nr. 680 din 24 octombrie 2003, a fost avansat la gradul de general-maior de aviație (general cu două stele).

Dumitru Prunariu este co-autor al unor cărți despre zborul în cosmos: "La cinci minute după cosmos" (Ed. Militară, 1981); "Cosmosul - Laborator și uzină pentru viitorul omenirii" (Ed. Tehnică, 1984); "Istoria aviației romane" (Ed. Științifică și Enciclopedică, 1984); "Dimensiuni psihice ale zborului aerospațial" (Ed. Militară, 1985) etc.

Dumitru Prunariu a desfășurat o bogată activitate profesională, fiind membru a numeroase asociații și comisii de specialitate din România și străinătate. Este membru al Comisiei de Astronautică a Academiei Romane (1981), membru fondator alături de alți 24 de astronauți al Asociației Exploratorilor Spațiului Cosmic (1985), membru corespondent al Academiei Internaționale de Astronautică (1992) și membru titular (2007), membru al Comitetului național COSPAR (1994), Membru de Onoare al Academiei Romane (15 nov. 2011).

În anul 1984 a fost decorat cu Medalia de aur "Hermann Oberth" a Societății germane de rachete "Hermann Oberth - Wernher von Braun".

Din anul 1993 este reprezentant permanent al Asociației Exploratorilor Spațiului Cosmic (ASE) la sesiunile Comitetului ONU pentru Explorarea în Scopuri Pașnice a Spațiului Extraatmosferic (COPUOS).

Pe parcursul a două termene (1995-2001) a fost ales membru în Comitetul Executiv al ASE, iar în perioada 1996-1999 a fost Președintele Comitetului de Politici și Relații Internaționale al ASE. În 2010 a fost ales președintele filialei europene a ASE, iar în 2011 a fost ales președinte al întregii asociații.

Începând cu anul 1992 reprezintă Guvernul României la sesiunile Comitetului ONU pentru Explorarea în Scopuri Pașnice a Spațiului Extraatmosferic (COPUOS). În anul 2003, a fost ales, prin consensul a 65 de state membre, președintele Subcomitetului Științific și Tehnic al Comitetului ONU pentru Explorarea în Scopuri Pașnice a Spațiului Extraatmosferic, pentru perioada 2004-2006. Pentru o perioadă de doi ani (iunie 2010 – iunie 2012) este ales prin consensul celor 70 de state membre președintele COPUOS.

În mai 2004, Dumitru Prunariu a fost numit prin decret prezidențial în postul de ambasador extraordinar și plenipotențiar al României în Federația Rusă. A fost chemat în România la 24 mai 2005 de către președintele Traian Băsescu, după numai un an de mandat, păstrându-și rangul de ambasador.

Comentatorul politic Rodica Culcer a declarat că schimbarea ambasadorului este justificată de performanța slabă a acestuia într-o zonă de interes strategic: "În condițiile în care există cel puțin două probleme mari - tezaurul și Transnistria - domnul Prunariu nu a făcut aproape nimic. El i-a succedat unui alt ambasador fără activitate, și timp de un an nu a avut nici o inițiativă majoră în relațiile bilaterale".

După ce s-a aflat că în aprilie 2005 Prunariu a primit ordin de la ministrul de externe să nu se mai ocupe de problema tezaurului pe teritoriul Federației Ruse, știrea Rodicăi Culcer a fost retrasă.

Dumitru Prunariu este membru al primului Club Rotary din Romania, Rotary Club Bucureşti, în perioada 2009-2010 fiind preşedinte al acestui club. Este decorat cu cea mai înaltă distincţie personală a Rotary International, "Paul Harris Fellow".

Dumitru Prunariu vorbeşte fluent engleza, rusa şi franceza.

3. INGINERIA ELECTRONICĂ ȘI ELECTROTEHNICĂ ROMÂNEASCĂ PROMOTOARE ȘI A INFORMATICII, CIBERNETICII ȘI AUTOMATICII

Primii electroniști se suprapuneau cu electrotehniștii și cu electromecanicii, deoarece nu erau diferențe mari între electronică, electrotehnică și electromecanică.

Toate trei au apărut ca un profil comun puțin înainte de anul 1900 datorită descoperirii tuburilor electronice, la început diodele iar apoi triodele, ca urmare a descoperirii descărcărilor în vid (apariției unui curent electronic între două metale aflate în vid și având o diferență de potențial). Aceste două piese (diodele și triodele) sub forma de tuburi, au permis construcția primelor telegrafe fără fir, a radioului și apoi a televiziunii. Primele calculatoare nu au putut funcționa datorită gabaritului tuburilor.

Abia după inventarea tranzistorului de către un colectiv de cercetători ai laboratoarelor Bell în anul 1947 se poate vorbi de apariția electronicii moderne, și de posibilitatea separării ei de electrotehnică și de electromecanică. Tranzistorul electronic fiind foarte mic, ușor, fiabil, și funcționând cu un consum mult mai redus de electricitate, a deschis drumul miniaturizării în electronică, făcând posibilă apariția și dezvoltarea circuitelor integrate (1952), dezvoltarea semiconductorilor (1950-1960), și în final apariția cipurilor electronice (1970).

Pe lângă miniaturizare și consum scăzut, viteza de lucru a componentelor a crescut deasemenea foarte mult, făcând să scadă timpul de lucru al componentelor electronice și al sistemelor electronice, fapt ce a permis realizarea noilor produse electronice, dar și creșterea fiabilității acestora, ca să nu mai vorbim de performanțe.

Primii noștrii ingineri electroniști au fost pregătiți în general în universitățile de prestigiu din europa.

Nicolae Tiberiu-Petrescu (01.ianuarie.1888-1946)

Generalul de brigadă, şi inginerul electronist Nicolae T. Petrescu s-a născut pe data de 01-ianuarie-1888, dintr-o familie de români de origine romană, într-o comună din sudul României. Tatăl său era învăţător, iar înaintaşii săi povesteau că avuseseră cei mai mulţi meseria ori de profesor (învăţător) ori de cadru militar.

Soarta a vrut ca Nicolae să le îmbrăţişeze pe amândouă.

Fiind un elev eminent, fruntaşii comunei au hotărât să strângă bani ca să-l ajute să-şi urmeze studiile la Bucureşti, şi chiar mai departe.

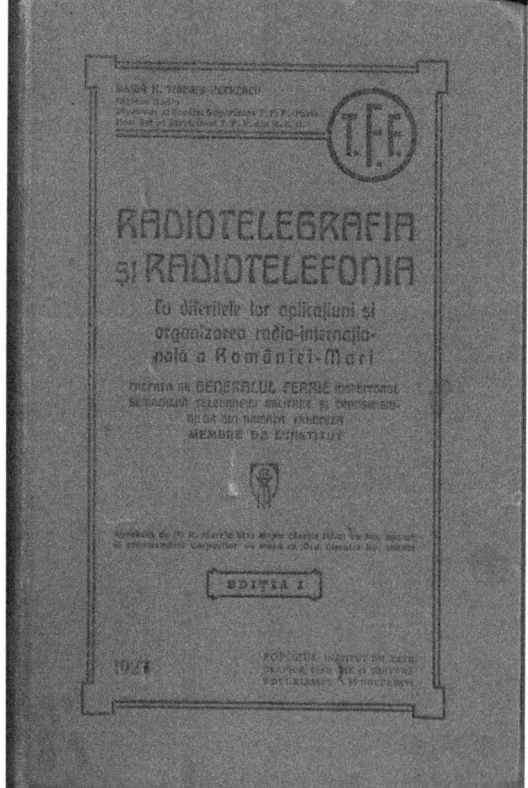

Deşi îmbrăţişase cariera militară, pe lângă studiile de inginer în profilul electric, în anul 1919 este înscris la Şcoala Superioară de Radiotelegrafie din Paris pe care o absolvă în 1922 (prima promoţie de ingineri electronişti TFF-Transmisiuni fără fir) fiind unul dintre cei mai buni, iar promoţia fiind prima de acest fel din lume.

Întors în țară maiorul Petrescu, proaspăt absolvent al Școlii Superioare de Radiotelegrafie din Paris, începe imediat să implementeze noile cunoștințe în țară, în cadrul armatei.

Terminase deja prima sa carte „RADIOTELEGRAFIA ȘI RADIOTELEFONIA Cu diferitele lor aplicațiuni și organizarea radio-internațională a României-Mari", pe care o publică la începutul anului următor (1923).

Laboratorul radio al batalionului T. F. F.

Cartea descrie pe larg și amănunțit principiile electronicii, piesele electronice disponibile la vremea aceea, adică lămpile cu doi, trei, patru, sau chiar cu cinci electrozi (filamente), lămpile disponibile la vremea respectivă (lampa franceză, germană, americană, engleză tip Osram, engleză tip Marconi), circuitele posibile, dispozitivele existente, antenele utilizate, teoria câmpurilor electromagnetice și a oscilațiilor electromagnetice, recepția inductivă tip Oudin, sau cea tip Tesla, recepția flexibilă Marconi, recepția rusească Popoff, cea franceză (mixtă), cea a postului german Telefunken, despre bobinele de inducție, oscilatorul lui Hertz, amplificatoarele, telefonia fără fir, telegrafia fără fir, emisia și recepția radio, echipamentele terestre, navale și aeriene, posturi telegrafice și telefonice mobile, reglajele lor, sursele energetice, controlul de la distanță, radiogoniometria și telegrafia prin pământ, posturile cu arc, alternatoarele de înaltă frecvență, transformatorii statici multiplicatori de frecvență, condensatorii, releele postului, mașinile homopolare cu disc sistem Alexanderson, mașinile în cascadă internă sistem Goldschmidt, radiotelegrafia imprimătoare, telemecanica, radiotelefotografia, radiotelegrafia multiplex, motorul pentru traducător Baudot, motorul pentru distribuitor Baudot, distribuitoarele Baudot, manipulatoarele Baudot, traducătoarele Baudot, procedeul Abraham-Planiol de radiotelegrafie multiplex, recepția fotografică.

Heterodyna Model 1918
Telegrafia Militară Franceză   Post Marconi cu lămpi tip. V. B₁.

Pe plan familial, viitorul general Nicolae T. Petrescu se căsătorește cu Maria (pe numele de fată Ghiață).

Soția sa Maria (verișoara renumitului pictor Dumitru Ghiață) îi dăruiește doi copii, Sanda și Eugen.

Pe plan profesional:

A adus numeroase contribuții la dezvoltarea transmisiilor pe unde scurte, la cunoașterea benzilor radio utilizate în scopuri militare (în folosul armatei).

A contribuit ca dascăl la formarea multor specialiști militari, în domeniul transmisiunilor fără fir.

Colonel fiind a constituit prima brigadă de transmisiuni, cu trei regimente subordonate în anul 1932, aceasta fiind suportul batalionului „47 Comunicații și Informatică" (de astăzi) denumit onorific „Nicolae Petrescu".

A condus divizia de la Alba Iulia, în perioada celui de al doilea război mondial.

A avut o activitate publicistică intensă, elaborând mai multe cărți, articole, lucrări științifice, etc, în special în domeniile transmisiunilor fără fir și cel al geniului.

A implementat în țara noastră toate noutățile din domeniu, fiind permanent la curent cu tot ce apărea nou.

În acest fel a contribuit la dezvoltarea electronicii românești în perioada interbelică, a transmisiunilor fără fir, telegrafie fără fir și telefonie fără fir, pe care le-a utilizat la vremea respectivă mai mult în cadrul armatei.

A avut contribuții la dezvoltarea sistemelor de transmisiuni între aparatele aflate în zbor și comandament, sau o bază terestră fixă sau mobilă.

A adus contribuții majore la implementarea și dezvoltarea goniometriei românești în perioada interbelică.

A implementat telegrafia prin pământ (la vremea respectivă aceasta fiind mai sigură și mai bună din punct de vedere calitativ). Telegrafia prin apă și sol este asemănătoare celei ff cu deosebirea că întrebuințează curenți alternativi de frecvență joasă (muzicală) și antene întinse pe pământ (sau pe sub pământ).

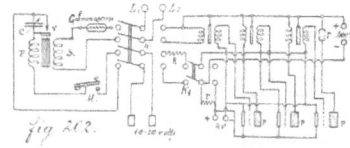

Schema de principiu a unui post TPS (Transmisii Prin Sol) cu acțiune dublă

f

"Fax" este, de fapt, o prescurtare a cuvântului "facsimil", adică o "copie fidelă a unui document". Aparatul de la care se transmite mesajul parcurge fiecare punct al documentului și emite semnale, care ajung, prin intermediul cablurilor telefonice sau al undelor radio, la un aparat similar. Acesta transformă semnalele primite în puncte albe şi negre, imprimate pe hârtie fotosensibilă sau tipărite pe hârtie obişnuită.

Primul patent pentru fax, emis în 1843, aparţine inventatorului scoţian Alexander Bain. Bain, care a inventat şi ceasul electric, şi-a folosit cunoştinţele sale despre pendulele ceasurilor electrice pentru a produce un mecanism de scanare a unui document. Aparatul nu a funcţionat, şi nici nu ar putea s-o facă, dar ideea a fost una interesantă pentru vremea aceea. Fizicianul britanic Frederick Bakewell a fost cel care a îmbunătăţit sistemul creat de Bain şi a expus prima dată un astfel de dispozitiv în 1851, la târgul mondial de la Londra (din păcate însă nici acesta nu a funcţionat).

În 1861, primul fax, Pantelegraph, a fost vândut de fizicianul italian Giovanni Caselli, înainte ca telefoanele să fie inventate. Este primul fax din istoria modernă a omenirii care va funcţiona. În aceiaşi perioadă Gaetano Bonelli proiectează un alt model de fax "typotelgraph" (1863), iar germanul Bernhard Meyer construieşte un "Kopiertelegraphen" (1864).

Primul facsimil a fost transmis între Paris şi Lyon folosind "Pantelegraphul" lui Caselli în 1865.

În 1866 francezul Lenoir proiectează şi construieşte şi el un "Electrograph".

În anul 1881 cercetătorul britanic Shelford Bidwell transmite cu succes siluete (imagini) folosind un sistem chimic şi electromagnetic.

În 1888 Elisha Gray cel care a întârziat cu doar câteva ore completarea patentului pentru invenţia telefonului, construieşte faxuri îmbunătăţite care permiteau folosirea hârtiei ca suport de transmitere/primire a informaţiilor.

În 1898 Hummel dezvolta Telediagraph . Telediagraph a fost unul din primele aparate de genul fax care transmitea poze prin liniile de telegraf. A fost inventat în 1895 de Ernest A. Hummel, un producător de ceasuri din St. Paul, Minnesota. Primele aparate au fost instalate în birourile New York Herald în 1898. Până în 1899, Hummel a îmbunătăţit invenţia sa, fapt ce a determinat instalarea unor asemenea mașinării în birourile Chicago Times Herald, St. Louis Republic, Boston Herald, și Philadelphia Inquirer. Prima poză trimisă a fost o imagine "exactă" a primului foc tras în Manila (războiul americano-spaniol). A fost nevoie de circa 20-30 minute pentru trimiterea acestei poze.

Un an mai târziu, în 1900 Hans Liebreich și John Francis pun la punct un "Teleautograph".

În anul 1902 profesorul Dr. Arthur Korn, de naționalitate germană, a demonstrat primul sistem de scanare foto-electric. Metodele anterioare erau bazate pe sistemul de scanare prin contact aparținând domnului Bain. În 1902, Prof. Dr. Arthur Korn dezvolta sistemul de scanare fotoelectric pentru transmiterea și reproducerea fotografiilor iar în 1907, punea bazele unui sistem comercial de transmitere a fotografiilor. Acest sistem în cele din urmă va lega Berlinul, Londra și Parisul, devenind astfel prima rețea europeană dar și mondială de transmitere a facsimil-lurilor.

Primii specialiști francezi care au adaptat, utilizat, și îmbunătățit sistemele fax au fost H. Abraham profesor universitar la Sorbona, și inginerul R. Planiol, care s-au ocupat cu întrebuințarea aparatului telegrafic rapid Bodou la telegraful f.f. (fără fir) Bodul-Baudot. Acesta era mai rapid decât aparatele germane sau britanice, deoarece se baza pe principiul diferențierii în timp și al repetiției.

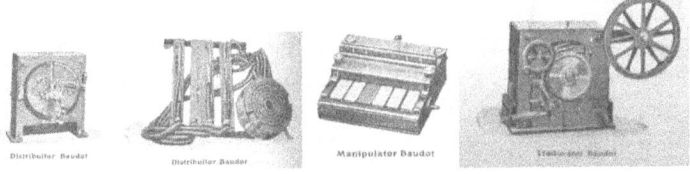

Organul esențial al unui aparat Bodou era distribuitorul care avea un fel de mături ce se învârteau regulat cu o turație de 180 [rot/min], punând succesiv clapele de manipulare în contact cu linia.

La fiecare rotație a periilor, distribuitorul putea să trimită pe lângă cinci emisiuni consecutive de curent și un curent suplimentar, destinat menținerii sincronismului aparatului receptor. Curenții sosiți la recepție erau repartizați de la linie la traducători, ai căror electromagneți reconstituiau semnalele, care erau apoi imprimate imediat.

Un aparat Bodou quadruplu comporta patru transmițătoare și patru traducătoare, realizând un debit de 7200 cuvinte pe oră.

Inconvenientul său major era interferența cu perturbațiile atmosferice, care producea paraziți ce tulburau recepția ducând uneori la falsificarea unor litere.

Același inconvenient, ne spune maiorul (la acea vreme) Nicolae Tiberiu-Petrescu în cartea sa scrisă în 1922, exista și la recepția automată fotografică, la care imprimarea pozei se făcea pe un tambur, cu negru de fum presat pe hârtie (asemănător principiului indigoului), putând apărea distorsiuni ale imaginilor transmise prin unde, datorate perturbațiilor atmosferice.

Din colectivul de la Sorbona din perioada imediat următoare primului război mondial, care lucra cu aceste dispozitive, făcea parte și inginerul român Nicolae Tiberiu-Petrescu.

Acestui fapt i s-a datorat expunerea tuturor principiilor transmisiunilor f.f. de către român în cărțile sale, începând cu anul 1922, dar și implementarea acestor dispozitive în România interbelică, fapt ce a dus la dezvoltarea transmisiunilor în țara noastră, la crearea unei rețele proprii românești de transmisiuni fără fir la mari distanțe și la legarea României de marile centre europene, americane, iar mai apoi globale.

Astfel Bucureștiul a intrat foarte devreme în rețeaua Berlin, Londra, Paris, Roma, Washington.

Generalul de brigadă, Nicolae Tiberiu-Petrescu, spunea în cărțile sale că dintre aparatele germane, italiene, britanice, americane și franțuzești, cele mai bune s-au dovedit a fi cele din urmă, în special dispozitivele Baudot, din care au derivat puțin mai târziu aparatele teletype.

Aparatul mai modern *teletype* (vezi figura de deasupra) este practic un Baudot simplu cu un singur sector, alcătuit astfel încât diferitele sale componente grupate să dea aspectul unei mașini ordinare de scris. El va fi probabil cel mai utilizat în transmisiunile f.f., ne spunea inginerul electronist român N. T. Petrescu (vezi foto de mai jos-centru) în prima sa carte.

Deși a fost redus la tăcere (executat mișelește în anul 1946, de către guvernul Petru Groza, în condițiile în care trupele sovietice mărșăluiau peste tot prin țara noastră) împreună cu Mareșalul Ion Antonescu, și cu alți trei generali, Generalul și Inginerul Electronist Nicolae Tiberiu-Petrescu, a lăsat în urma sa o Românie Mare, prosperă, dezvoltată, legată la sistemul de comunicații Europene și mondiale.

Generalul Nicolae Tiberiu-Petrescu (inginer electronist), împreună cu Mareșalul Ion Victor Antonescu, cu Regele Mihai I al românilor, și cu alți câțiva generali, au reușit să stabilizeze situația politică a României, într-o perioadă extrem de dificilă pentru țara noastră, au reușit să oprească ciopârțirea țării, au stabilizat situația militar-politico-economică a României, în perioada 1940-1944.

Deși generalul Nicolae Tiberiu-Petrescu a fost interzis de toate guvernele comuniste de după 1945, și nu trebuia să se mai știe absolut nimic despre el și activitatea sa (au fost interzise și cărțile sale, și articolele sale, etc), totuși paradoxal, monumentul ce i se adresa lui și elevilor săi militari români (geniștilor români) ce au făcut sacrificiile supreme pe câmpurile de luptă în cele două războaie mondiale, dar mai ales în primul război mondial, statuia geniului „Leul" a rămas la locul ei.

Monumentul geniului, este un monument din București, situat la intersecția bulevardelor Iuliu Maniu și Geniului (în apropiere de Palatul Cotroceni). Numele ansamblului monumental a dat și numele pieței din apropierea acesteia, Piața Leu, precum și numele campusului studențesc din zonă, Campusul Studențesc Leu, care se află în clădirea în care, până la Revoluția din decembrie 1989, a funcționat Academia Ștefan Gheorghiu.

Monumentul Eroilor Geniști din București a fost înălțat din inițiativa generalului Constantin Ștefănescu-Amza care, în calitate de comandant al Școalelor și Centrului de Instrucție al Geniului, a lansat atât operațiunile de colectare a fondurilor necesare, cât și organizarea concursului pentru stabilirea realizatorului.

Monumentul a fost dezvelit la 29 iunie 1929 de către Alteța Sa Regală Nicolae, Principe al României, în cadrul unei grandioase festivități în prezența reprezentanților Casei Regale, a guvernului, a capilor oștirii, a unui mare număr de generali de geniu activi și în rezervă, a șefilor serviciilor și comandamentelor unităților de geniu, a întregului corp ofițeresc și profesoral al Școlilor de Geniu și a tuturor elevilor acestora.

Monumentul este înscris, sub denumirea Monumentul eroilor din arma geniului - Leul, la poziția nr. 2337, cu codul B-III-m-B-20010, în Lista monumentelor istorice, actualizată prin Ordinul ministrului Culturii și Cultelor, nr. 2314/8 iulie 2004.

Pe fața dinspre piață a soclului se găsește inscripția:

„SPUNEȚI GENERAȚIILOR VIITOARE CĂ NOI AM FĂCUT SUPREMA JERTFĂ PE CÂMPURILE DE BĂTAIE PENTRU ÎNTREGIREA NEAMULUI"

În vremea comunismului, pentru mulți ani, inscripția fusese ciuntită, cuvintele pentru întregirea neamului fiind scoase, cuvinte care au fost reașezate la locul lor după ce revista Flacăra, condusă de Adrian Păunescu, a dus o campanie în sprijinul restaurării inscripției originale.

Augustin Moraru (n. la 28.martie.1928 în București)

Augustin Moraru: S-a născut pe 28 martie 1928, în București; absolvent al Inst. Politehnic din București (1951), Fac. Electrotehnică, specialitatea Mașini și aparate electrice.

Devine doctor inginer (din 1964), cu teza Mașina electrică amplificatoare de curent continuu – Amplidina.

Membru fondator al Asociației Inginerilor Electricieni și Electroniști din România (AIEER, 1990), membru al Institute of Electrical and Electronics Engineers (IEEE, 1992), membru fondator al Asociației Specialiștilor în Mașini Electrice din România (ASMER, 1995), cercetător științific principal și șef de sector la Institutul de Energetică al Academiei (1951-1958).

A îndeplinit pe rând profesiile de muncitor electrician, inginer principal și Constructor șef la I.I.S. Automatica (1958-1966), șef de sector la Institutul de Energetică al Academiei (1966-1970), conferențiar la Institutul Politehnic din București (1970-1990), profesor la Universitatea Politehnica din București (1990-1998), profesor consultant la Universitatea Politehnica din București (1998-2006), conducător de doctorat în Inginerie Electrică (din 1990).

Cercetări recente: difuzia câmpului electromagnetic, câmpul electromagnetic în cuvele de electroliza aluminiului, stabilizarea plasmei în tokamak, transformatoare electrice de putere mare.

Andrei Nicolaide (n. la 1 septembrie 1933 în București)

S-a născut pe 1 septembrie 1933, în București.

A absolvit Institutul Tehnic din Craiova, Facultatea de Electrotehnică, cu diplomă de merit (1956), specialitatea electrotehnică.

Își ia doctoratul în anul 1962, devenind doctor inginer (Institutul Politehnic din București).

Apoi doctor docent (Institutul Politehnic din București, 1974), profesor titular la Universitatea Transilvania din Brașov (1969-2003), profesor consultant din 2004, Premiul Aurel Vlaicu al Academiei Române în 1980, titlul de profesor universitar evidențiat acordat de Ministerul Educației și Învățământului în 1982, titlul de Fellow la New York Academy of Sciences (1995), Senior Member IEEE (1997).

Activitatea științifică: mașini electrice (în special sincrone) – regimuri tranzitorii (a elaborat și aplicat noi metode de calcul); magnetohidrodinamica; materiale magnetice; calcul de câmpuri prin metoda transformărilor conforme și prin metode numerice; analiza unor fenomene în teoria specială și generală a relativității.

Alexandru Timotin (n. 29.aprilie.1925 la Iași, d. 2007)

S-a născut la 29 Aprilie 1925, la Iași.

Absolvent al Politehnicii din București, Facultatea de Electromecanică în anul 1949.

Susține în anul 1958 teza de doctorat în domeniul Bazelor teoretice ale Electrotehnicii având în calitate de conducător de doctorat pe academicianul Remus Răduleț.

După absolvirea facultății este inginer proiectant și inginer șef de secție la Comitetul de Radio (1948-1951). Din anul 1949 în paralel cu alte activități profesionale intră în sistemul universitar ocupând toate treptele didactice până la aceea de profesor (1968).

A fost conducător de doctorat din anul 1966, îndrumând numeroși doctoranzi în promovarea doctoratului.

Personalitate științifică recunoscută pe plan național și internațional, dezvoltă cercetări apreciate în domeniul teoriei generale a forțelor electromagnetice în medii cu proprietăți de material oarecare, bazele electrodinamicii relativiste cu aplicație la introducerea sistematică a mărimilor și legilor electrodinamicii macroscopice, dezvoltarea metodelor de calcul a câmpurilor electromagnetice, teoria proceselor tranzitorii de câmp în circuitele electrice cu pierderi suplimentare, studiul magnetizării anizotrope și a curenților turbionari induși în pachetele de tole, în sistematica terminologiei și conceptelor utilizate în electrotehnică, cu aplicare la elaborarea de lexicoane și tezaure de concepte.

Împreună cu Remus Răduleț are contribuții deosebite la realizarea Lexiconului electrotehnic român și a Vocabularului Electrotehnic Internațional al CEI (VEI).

În terminologia electrotehnică și în stabilirea vecinătăților semantice elaborează împreună cu Academicianul Remus Răduleț relațiile de vecinătate (Specie–Gen, Parte–Tot, Proprietate–Entitate, Larg–Restrâns, Original-Derivat), relații reprezentând priorități și incluse în Conceptul Răduleț - Timotin, cunoscut în lumea științifică.

Cercetările în domeniul Terminologiei electrotehnice pe care le-au coordonat, au condus la crearea unei baze de date terminologice, care au stat la baza realizării Tezaurului de concepte al CEI (publicat la Geneva) și a 15 dicționare de specialitate publicate în România.

A publicat peste 100 articole în reviste recunoscute din țară și străinătate și este autorul a 13 lucrări enciclopedice.

Este membru titular al Academiei Române, al Academiei Francofone a inginerilor, Vice președinte al Comitetului Român al CEI, președinte al Asociației inginerilor electricieni și electroniști din România, membru al Institutului inginerilor electrici și electroniști din SUA, membru al Consiliului științific al universităților de limbă franceză (AUPELF), decorat cu înalte ordine: Pames academiques–Franța, Ordinul Național pentru merit, etc.

Decedat în 2007.

Toma Dordea (n. 1.ianuarie.1921, la Bungard, jud. Sibiu) Este absolvent al Institutului Politehnic din Timișoara (1945), specialitatea electromecanică; doctor inginer (din 1963), cu teza Contribuții la reglarea vitezei mașinii de inducție utilizând contactul alunecător metalo-lichid; profesor (1964-1993) și profesor consultant la Universitatea Politehnică din Timișoara; membru titular al Academiei Române din 1994 (corespondent din 1991); președintente al Secției de Electrotehnică și Energetică; membru în comitetul de redacție și în consiliul editorial al revistelor Revue Roumaine des Sciences Techniques (Seria Electrotehnică, Energetică) și Proceedings of the Romanian Academy (Seria A).

Doctor Honoris Causa al Universității Tehnice din Cluj-Napoca (1993), al Universității din Craiova (1999), Universității Politehnica din Timișoara (2001), Universității de Nord din Baia Mare (2003).

Membru titular fondator al Academie Francophone d'Ingenieurs.

Activitate științifică: teoria, proiectarea și optimizarea mașinilor electrice.

Nona Millea (n. 26.iunie.1933 la Pitești)

S-a născută la 26 iunie 1933, la Valea Mare Podgorie, Pitești.

Doamna inginer electronist Nona Millea a realizat primul radio FM românesc.

În fapt, i se cerea să realizeze și să introducă în producție de serie, primul aparat de radio românesc cu unde FM.

O asemenea sarcină, în fața căreia ingineri cu experiență și palmares profesional ar fi ezitat, nu a speriat-o pe Nona Millea. Dedicându-se total acestui proiect, a reușit să creeze și să introducă pe piață primul radio FM autohton, „S 602 A Enescu", produs la Fabrica Radio Popular, care mai târziu a devenit Uzina Electronica.

O aventură de neuitat

Astăzi, primul radio FM de producție românească a ajuns piesă de muzeu. Cea care i-a dat viață, povestește că „a fost o aventură de neuitat, care s-a încheiat cu succes datorită abnegației întregii echipe, alcătuită din oameni de caracter și adevărați profesioniști".

Pe parcursul acestei „bătălii", care a durat mai mult de doi ani, Nona Millea a devenit mamă. Când i s-a născut băiatul, a reușit să se autodepășească, adăugând la performanțele profesionale, toate calitățile unui părinte devotat.

Lupta cu înapoierea tehnologică

La sfârșitul anilor 50, tehnologia românească era departe de performanțe comparabile cu cele din Occident.

Din acest motiv, cele mai mari probleme au apărut la testarea seriei 0 a prototipului „Enescu". „Au fost momente teribile, pentru că aparate construite identic, de aceiași oameni, se comportau diferit", povestește Nona Millea. Până la urmă problemele s-au rezolvat, după ce o delegație de specialiști a mers în Franța și a reușit să corecteze câteva detalii, unele dintre ele observate de un excepțional depanator, care nici măcar nu știa franțuzește, neuitatul „nenea Roșca".

Anii romantismului profesional

„Finalizarea cu succes a proiectului primului FM românesc a fost apreciată ca o performanță. Eu am fost recompensată cu un salariu în plus și mi-am cumpărat un aragaz. Dar ceea ce dorisem noi să demonstrăm era că românii sunt capabili de a crea noul. Și rămâne de neuitat frumoasa colaborare din cadrul echipei, care a decurs fără rivalități și invidii. Eram toți tineri și trăiam romantismul profesiei", își amintește Nona Millea.

Undele FM erau o descoperire americană, de la începutul anilor 50. Cum se face că, în 1958, în România se punea, deja, problema realizării unui radio FM?

N.M.: Un rol foarte important l-a jucat și profesorul Gheorghe Cartianu-Popescu, membru al Academiei Române, specialist de talie internațională în radiofonie. La cursurile sale auzisem pentru prima dată, despre undele FM.

..Cum de ați avut curaj să acceptați un asemenea proiect îndrăzneț?

N.M.: Cred că un inginer trebuie să pună ordine în lucruri. Eram inginer şi, de ce nu aş fi putut şi eu ceea ce alţi ingineri, în alte ţări, fuseseră în stare să facă?

Ce îi place doamnei inginer electronist?

Întotdeauna Nona Millea face bine orice lucru pe care pune mâna. Această nevoie de perfecţiune, o consideră chiar „un viciu" şi nu glumeşte când spune: „Îmi place să fac şi mămăliga bine, dacă mă apuc să o fac!" Îi place să asculte muzică, să citească şi să scrie. Îşi scrie memoriile şi crede că Balzac ar fi invidiat-o dacă i le-ar fi citit.

Ce nu-i place?

Detestă diletantismul. Nu-i place că realizările electronicii româneşti sunt date uitării şi multe dintre realizările de d-inainte de 1989 au fost abandonate, iar multe întreprinderi au fost demolate şi transformate în fier vechi.

Are un fiu, inginer electronist, fost olimpic la matematică, Doctor inginer, specialist în management, cercetător interdisciplinar în domeniul „Noi resurse energetice", delegat permanent CEE, UNESCO, CAER.

D-na Millea povesteşte:

În anul 1951 am dat examen de admitere la fac. de Electrotehnică, care în anul 1953 s-a scindat în: Electronica şi Electrotehnica. Eu am optat pentru fac. de electronică pe care am absolvit-o în anul 1956, prima promoţie de ingineri electronişti din România, cu 5 ani.

În acei ani era o lipsă acută de ingineri în toate specialităţile (datorită pierderilor din anii războiului) dar în mod special de electronişti. Se făceau repartizări în ordinea mediilor. Şi fiindcă am terminat foarte bine şcoala (am fost propusă pentru diploma roşie, de merit, pe care n-am primit-o din motive de dosar, presupun) aş fi putut primi un post în cele mai râvnite locuri de atunci: învăţământul şi cercetarea. Dar eu fusesem exclusă din UTM în anul I de facultate pe motive ce ţineau de dosarul tatălui meu (inginer şi el) aşa că am ales producţia, fiindcă de acolo nu mă putea da nimeni afară pe motive de origine socială; asta era concepția atunci. În 1956 singura fabrică cu profil electronic era Radio Popular, care în ianuarie 1960 a devenit uzina Electronica.

Primul meu loc de muncă a fost ca Maistru la Secția de semifabricate, unde am stat vreo 5 luni. La 1 Decembrie 1956 am fost trecută ca Maistru la banda de radioreceptoare, în locul unui maistru în vârstă pensionat pe caz de boală. La finele anului 1958 am ajuns la sectorul proiectări.

La sectorul de proiectare prima sarcină a fost să proiectez și să realizez prototipul părții electronice a unui electrocardiograf cu un canal, a căui parte de mecanică fină, una foarte delicată se proiectase și se executa la IOR (Întreprinderea Optică Română). De fapt tot IOR-ul a preluat și punerea în fabricație a părții electronice după ce prototipul fusese executat și omologat la noi. Partea electronică nu ridicase probleme deosebite, singura noastră dificultate era să putem etalona aparatul, respectiv să ne dăm seama cum arata o înregistrare a undei electrice cardiace a unui om sănătos și cea a unuia bolnav. Pentru asta, împreună cu inginerul de la IOR ne-am dus la Spitalul de cardiologie și am fost dați pe mâna unui medic tânăr și el, dr. Fotiade, astăzi profesor universitar. Auziseră ei și chiar văzuseră cum arăta o electrocardiogramă, dar nu aveau un asemenea aparat după care să-l calibram și noi pe al nostru. Și aici începe partea amuzantă. Tânărul doctor Fotiade s-a cuplat imediat la ideea de a experimenta pe pacienți un astfel de aparat, dar trebuia să primească aprobarea marelui profesor Iliescu.

Când noi, cei trei, am fost primiți de profesor, dânsul croșeta, făcea macrame. S-a scuzat și a spus că e modul de a-și menține degetele flexibile. Când a auzit însă despre ce este vorba s-a înfuriat și a început să strige la noi: Voi inginerii vreți să dezumanizați medicina, vreți să-l separați pe bolnav de doctor.

Cu greu l-am făcut să înțeleagă că de fapt aparatul nu-l înlocuiește pe medic ci-l ajută doar în stabilirea diagnosticului, aude și vede mai bine decât el. A doua fază a fost și mai dificilă. Pe modelul experimental aveam un potențiometru de reglaj al unei constante de timp, cu care calibram aparatul astfel încât electrocardiograma unui om sănătos să arate totdeauna la fel. L-am rugat să ne recomande un pacient perfect sănătos ca să-i putem ridica electrocardiograma şi apoi unul bolnav ca să-i arătăm diferenţa. Am reglat acel potenţiometru astfel încât înregistrarea pe un pacient real să arate cam ca cele din prospectele străine. Când a văzut că umblu la un buton a început să ţipe: Voi faceţi dintr-un om sănătos unul bolnav şi invers; v-am spus eu că asta-i doar reclama capitalistă a ălora de vor să-şi vândă aparatele. Am plecat de la profesor derutaţi complet. Noroc cu doctorul Fotiade, care a acceptat să colaborăm în continuare dar mai în secret până am etalonat aparatele. El nu se pricepea la electronică, dar înţelegea perfect ce facem noi, că nu ne jucăm cu viaţa oamenilor, dar ne trebuie etalonul, aşa cum termometrul pentru temperatură, se etalonează la zero grade în gheaţă şi la o sută de grade în apa care fierbe. Noroc că acest mic proiect şi asistenţa tehnică la IOR au durat puţin.

Apoi am primit ca temă, să mă documentez şi să elaborez caietul de sarcini pentru proiectarea primului radioreceptor românesc staţionar cu tuburi electronice de clasă superioară, cu reglaje pentru tonuri înalte şi joase, echipat şi cu bloc de unde ultra scurte (UUS) pentru recepţia emisiunilor cu modulaţie de frecventa (MF). Era pentru prima dată când urma să se construiască în ţara noastră un radioreceptor de asemenea complexitate, fără a se apela la licenţa sau măcar la know-how străin. Până atunci se fabricaseră, mai exact se asamblaseră, receptoare simple cu seturi din import, care recepţionau în principal undele lungi (UL) şi medii (UM). Unele aveau şi o bandă mică pentru recepţia pe unde scurte (US). Primele construcţii hibride, o concepţie românească adaptată unor norme, scheme şi tehnologii parţial din import, au fost aparatele populare Opereta în 1958 şi Concert în 1959, la care s-au folosit difuzoare, comutatoare de gamă tip claviatură şi alte câteva piese electrice româneşti.

Sarcina primită, de a concepe un radioreceptor de clasă superioară, a fost pentru mine prima mare provocare în inginerie, dar aveam să constat că şi pentru întregul colectiv de la serviciul de proiectări, în care seria mea era prima cu formație de inginer electronist. Ne-am confruntat atunci cu două categorii de probleme: probleme tehnice legate de stabilirea caietului de sarcini, respectiv a normei de produs și probleme tehnologice, legate de faptul că până atunci nu se lucrase în gama de unde ultrascurte, care necesita într-o fabricație de serie, unele măsuri specifice în etapele de montaj si reglaj. Întocmirea caietului de sarcini n-a fost deloc ușoară și mai mulți ingineri cu vechime chiar mai mare decât a mea refuzaseră s-o preia, fiindcă era primul caiet de sarcini complet autohton. În plus, inginerul șef, Sonnenstein, adusese din străinătate un aparat german, SABBA, care era proprietatea lui personală. Mi l-a dat ca model, mi-a permis să-l măsor de-a fir a păr, dar nu mi-a dat voie să-l desfac ca să nu-i stric sigiliul; din acest motiv nu știam cum arata blocul de MF.

Șefii mei, inginerul Fratu (șeful colectivului) și inginerul Vartires (șeful secției) aveau colecții de prospecte și doreau să luăm din fiecare performanța maximă. Punând în cele din urmă pe hârtie dorințele tuturor am ajuns la concluzia ca așa un receptor nu poate funcționa. Dacă e foarte sensibil prinde posturi multe, inclusiv pe cele foarte slabe, dar culege și mulți paraziți provenind de la tot soiul de alte transmisiuni, comerciale, navale, etc. și s-a dus stabilitatea recepției; trebuia să acceptăm o limită. Dacă e foarte selectiv separa bine posturile între ele, dar le reducea din banda de frecvență adică altera fidelitatea sunetului în cazul emisiunilor muzicale de înaltă calitate. Mă rog, atunci nu existau posibilitățile tehnice de astăzi și fabrica nu dispunea de reglaje și control la nivele foarte rafinate; de exemplu dacă voiam să redăm bine sunetele joase trebuia să facem casete mari de lemn masiv pentru ca frecvența proprie de rezonanță să fie inferioară frecvenței transmise, în caz contrar aparatul duduia ca o locomotivă. La fel dacă vroiam să transmită frecvențe înalte, o vioară în tonalitățile de sus, ne trebuiau niște difuzoare de care noi încă nu produceam.

Discuțiile asupra motivelor pentru care firme de prestigiu acceptau în prospectele lor doar anumite performanțe în detrimentul altora, a durat câteva luni bune și au fost urmate de acceptarea acestuia de către beneficiar, pe atunci Ministerul

Comerțului Interior. La finele acestei etape directorul nostru Lăzăroiu, i-a dat și un nume, a devenit S 602 A Enescu și era prevăzut cu benzile de recepție în UL, UM, US 1, US 2, US 3, și UUS, cu reglaje de tonuri joase și înalte și putere nominală de ieșire de 3 W, ceea ce-l încadra într-o clasă de performanțe superioare.

Am început proiectarea teoretică și abia când aceasta s-a terminat am trecut la realizarea prototipului. La cererea mea proiectul și prototipul au fost verificate de profesorul Cartianu, cel care intervenise și pentru a corela datele tehnice înscrise în caietul de sarcini. Profesorul ne predase cursul de specialitate, construise primul receptor cu MF și scrisese prima carte despre MF, domeniu care începuse să se impună în Europa la începutul anilor 1950, așa că vroiam să am confirmarea lucrărilor mele pe etape, de la cea mai autorizată persoană.

Peste ani am găsit o relatare foarte amuzantă a întâmplărilor prin care a trecut profesorul Cartianu la primele lui încercări de a introduce MF în Romania. Iată ce scrie colegul meu dr. ing. Ciontu Andrei în Albumul Jubiliar al seriei noastre, la capitolul Din amintirile studenților despre profesorii lor sub titlul Omologare originală: În anul 1951, după ani întregi de experimentări, asistent universitar încă fiind, inginerul Gheorghe Cartianu caută să impună Radiodifuziunii Române noul sistem de emisie-recepție cu modulație de frecvență (FM pe scala diverselor radioreceptoare), superior și mult mai fidel decât vechiul sistem cu modulație de amplitudine (AM). Desigur că, această FM pasiune de o viață a profesorului era pe atunci, în 1951, o noutate nu numai pentru România! Într-o zi se prezintă la biroul unui șef de la Radiodifuziune, care putea da un aviz favorabil, având în brațe un radioreceptor, nu prea arătos. După expunerea argumentelor, consultându-și frecvent ceasul de buzunar, inginerul Cartianu pune în funcțiune radioreceptorul. Asistența a ascultat uimită o piesă muzicală clasică, recepționată și redată cu o puritate nemaiîntâlnită (fără paraziți atmosferici sau industriali, fără distorsiuni ale sunetelor, etc.) Bine, bine, zise șeful, după trecerea momentului de uimire, dar cine emite, unde este emițătorul? Zâmbind inginerul Cartianu răspunse: Un colaborator de-al meu este în momentul de față, cu un emițător experimental portabil şi cu un pick-up cu 2 plăci, sus pe terasa Palatului CFR din faţa Gării de Nord. Omologarea originală a fost validată şi radiodifuziunea Română a adoptat în scurt timp primele emisiuni pe unde ultra-scurte (UUS) cu modulaţie în frecvenţă după metoda Cartianu, care prezenta unele particularităţi faţă de sistemul americanului Edwin Armstrong (un precursor în domeniu), dar ale cărui lucrări profesorul nu le-a cunoscut, ele neparvenind în Europa din cauza războiului.

În 1959 a urmat pentru mine o iarnă fierbinte. Lucram practic zi lumină pentru realizarea documentaţiei de fabricaţie şi ajunsesem să mi se pară că perioada ca maistru a fost una de-a dreptul plăcută.

Precizez că atunci, a proiecta un aparat de radio însemna să-i faci documentaţia completă, electrică şi mecanică, adică şi desenele pentru şasiu, sistem de culisare a acului pe scală, prinderea difuzoarelor şi caseta, cu toate detaliile constructive, documentaţie care ajungea să cuprindă câteva sute de planşe desenate.

Separat trebuiau redactate toate indicaţiile tehnice privind reglajele, verificările şi caietul de reparaţii. Pe baza acestei documentaţii tehnologul proiecta sculele, dispozitivele şi verificatoarele (celebrele SDV-uri) şi fixa operaţiile pe fiecare masă de lucru, respectiv muncitor iar şeful producţiei elabora graficele de aprovizionare cu subansamble din interiorul uzinei sau din exteriorul ei.

Mai precizez că atunci în fabrică se produceau majoritatea elementelor constructive, de la şuruburi, piuliţe până la butoanele de pe scală şi măştile exterioare de plastic ale difuzoarelor. În aceste condiţii pregătirea fabricaţiei şi lansarea produsului însemna organizarea muncii unui număr de cca. 100 de muncitori, în afara celor din banda propriu zisă şi a unui număr mare de cadre tehnice, ingineri de diverse specialităţi: electronişti, mecanici, chimişti, care pregăteau subansamblele. Într-un astfel de produs erau implicate toate secţiile uzinei: de la matriţerie la tâmplărie, acoperiri galvanice şi ambalaj.

Asta a fost armata care a luptat pentru punerea în fabricaţie a acestui prim radioreceptor de concepţie românească cu MF şi pe care sub aspect tehnic am comandat-o eu şi un tehnolog de excepţie, Gheorghe Terzi.

Ulterior uzina a învăţat din propriile greşeli, armata s-a mai micşorat şi în timp lucrurile au intrat pe făgaşul rutinei.

Astăzi există firme specializate în diverse tipuri de componente şi subansamble, aşa că o fabrică de asamblare are sarcini infinit mai simple.

Prin ianuarie s-a omologat prototipul, acţiune la care a participat şi profesorul Cartianu. Tot atunci a apărut şi decretul de transformare al fabricii Radio Popular în uzinele Electronica. Era un succes al directorului, inginerul Dumitru Felician Lăzăroiu primul director inginer venit la noi în 1958, care avea un aer de om cult cu o viziune europeană. Pentru mine a urmat pregătirea tehnologică împreună cu aşa numita serie zero compusă din câteva zeci de aparate pentru a se verifica reproductibilitatea în producţia de serie. Am avut noroc că de partea tehnologică s-a ocupat tovarăşul Terzi, un profesionist experimentat şi perseverent, care a dat o atenţie deosebită pregătirii fabricaţiei şi a SDV-urilor, iar ca meseriaş nenea Roşca, un om cu o mână de aur şi un sufletist rar întâlnit care a rămas ataşat de mine după episodul cu defectele produse de reglorii de bandă. Pentru subansamble am folosit lucrările unor colegi, din care cea care m-a impresionat cel mai tare a fost un comutator de game gen claviatură proiectat de inginerul Luly Badarau. Am lucrat în această echipă peste nouă luni până la punerea în fabricaţie. În primăvara anului 1960 am rămas însărcinată şi lucrul acesta mi-a îngreunat ceva munca. Aşa că am proiectat şi pregătit seria zero ca un om aproape normal, fiindcă Enescu devenise marele meu pariu cu mine însumi.

La seria zero am întâmpinat nişte dificultăţi neaşteptate; erau nişte defecte care apăreau şi dispăreau fără nici o logică. După ce noi, cei din fabrică, nu am dat de cap cauzelor acestor ne-reproductibilităţi am sesizat conducerea că e o problemă care ne depăşeşte, probabil ceva legat de tehnologie şi am solicitat din nou să fie aduşi de la Politehnică profesorul Cartianu şi conferenţiarul Viniciu Niculescu un foarte bun practician, fost radioamator. După vreo lună de verificări au confirmat părerea noastră că problemele sunt de natură tehnologică, că trebuie găsită o soluție ca blocul de MF să fie ecranat mai bine și să facă un contact electric perfect cu șasiul, ca să dispară niște posibili curenți vagabonzi perturbatori. Așa s-a hotărât ca blocul de MF să fie montat într-o cutie metalică ermetică și care să se cupruiască. În fine, după cupruire seria zero a mers ceva mai bine, dar tot aveam probleme cu reproductibilitatea în serie. Într-o bandă nu poți pierde vremea să pigulești fiecare aparat până-i dai de cap. Trebuie asigurată ritmicitatea producției și o convergență de minim 95% și tocmai asta nu reușeam noi. Atunci profesorul Cartianu a sugerat deplasarea în Franța sau Germania, a unor specialiști.

Cum atunci nu se trecea granița cu buletinul, ci cu o sumedenie de aprobări pe care nici eu nici tehnologul Terzi nu le-am obținut din cauza dosarelor de cadre, a plecat șeful secției inginerul Vartires cu nenea Roșca, o mână de aur, dar care nu știa o boabă de franceză și ing. Petruța Iordache, complet fără legătură cu subiectul. Pe nenea Roșca l-am școlit, i-am precizat pe puncte, ce anume trebuia să vadă din punct de vedere constructiv și tehnologic. Mă interesa cum sunt dispuse piesele, cum se montează blocul MF pe șasiu, în ce ordine se făceau reglajele, cât timp se aloca unui aparat la montaj sau la reglaj și multe altele. Știa și el că sunt fenomene nestăpânite de noi, fiindcă lucrase la seria zero și constatase că două aparate făcute integral cu mâna lui nu dădeau uneori același rezultat final.

Așteptam cu nerăbdare să se întoarcă. Când în sfârșit au venit am avut o surpriză extrem de plăcută. Nenea Roșca observase că la ei bobinele din blocul de MF se fac altfel decât la noi, se folosesc niște carcase de plastic ca niște mosorele subțiri cu aripioare, care regularizau traseul firului de cupru și a luat ca amintire câteva astfel de bobine. Noi lucram pe carcasele clasice utilizate și la celelalte game de unde, care aveau un diametru de circa trei ori mai mare, dar pentru UUS fiind vorba de un număr mic de spire orice eroare la mașina de bobinaj conta foarte mult. Le-am schimbat și noi urgent pe ale noastre și imediat s-a egalizat mult producția. A mai aflat cum se verifica legătura de masă a blocului de MF, care ne făcuse atâtea probleme și am adoptat și noi soluția. În plus a reușit să obțină câteva poze cu banda în funcțiune. Astăzi poate pare de necrezut, dar atunci când reviste de informare tehnică din vest nu primeam, când firmele cereau bani grei pe know-how-uri și țara n-avea fonduri, am stat cu tovarășul Terzi cu lupa și am urmărit aparatele de pe mesele de reglaj ca să ne dăm seama de ordinea în care se succed operațiile și așa am corectat fazele propuse inițial de noi.

Inginerul Vartires a cules două categorii de informații. Prima era legată de proiectare, fiindcă dânsul avea impresia că profesorul Cartianu era prea teoretician, părere infirmată ulterior de compararea cu formulele utilizate de noi. A doua categorie de informații se referea la productivitatea muncii la acest tip de aparate, care s-a dovedit a fi superioară celei de la benzile care fabricau la noi aparate populare fără MF. De fapt știam că productivitatea muncii la noi e mai scăzută chiar și în raport cu cea din Cehoslovacia sau Ungaria la aparate de același tip. Astfel, șeful meu a aflat că la francezi se lucra în bandă numai cu personal calificat și stabil, pe când noi lucram cu mână de lucru instabilă și complet necalificată. Astfel a înțeles concret, formația și rolul muncitorului în procesul de producție, faptul că un muncitor dintr-o bandă de produse electronice franceze avea obligatoriu cel puțin școala profesională, la noi în acel an, 1960, venea de la săpat șanțuri sau vândut flori ca să treacă peste iarnă și calificam la locul de muncă în fiecare toamnă pe alții. Francezii dispuneau de un personal stabil, ai noștri erau practic niște nomazi; stabili aveam doar reglorii. În final aveam să constat ce îmi spusese tăticu de atâtea ori: Un meseriaș bun face uneori mai mult decât un inginer. În cazul de față observațiile strict vizuale ale lui nenea Roșca, un om nevorbitor de limba franceză, care doar s-a plimbat printr-o bandă de producție, ne-au folosit la punerea în fabricație mai mult decât datele de proiectare pe care ni le adusese inginerul Vartires, fiindcă oricum formulele aduse de dânsul se găseau și în manualele noastre de specialitate. Nu doresc să minimizez sub nici o formă valoarea lui Vartires ca inginer, era de departe cel mai tobă de carte din secție, pentru domeniul frecvențelor uzinate până la aceea dată, dar atunci nouă ne lipsea experiența de fabricație curentă în unde ultra scurte (UUS) și ne mai lipseau chiar și muncitorii de tip francez, constatare pe care el a putut-o face abia acolo şi reîntors le-a explicat şi şefilor nostri. Aceste informaţii au determinat şi la noi ulterior luarea unor măsuri de selecţionare, şcolarizare şi stabilizare a forţei de muncă, cu rezultate care s-au regăsit în timp în calitatea producţiei.

Alte momente teribile ale procesului de punere în fabricaţie a receptorului Enescu au fost legate de faptul că au trebuit şcoliţi reglorii. Aceştia erau obişnuiţi de la aparatele cu MA să regleze pentru obţinerea semnalului maxim. La receptorul Enescu la partea de MA se proceda la fel, dar pentru partea de MF reglajul trebuia făcut pe minim, ceea ce mult timp a fost greu de înţeles şi mai ales de executat corect în bandă. Şi în aceste condiţii, după nişte eforturi de nedescris şi după bucuria de acum vădită a unora că aparatul Enescu va fi un fiasco, în august 1960 s-a omologat seria zero, iar în octombrie a început fabricaţia curentă, cu circa două luni înainte de naşterea fiului meu Liviu. Nu cu mult timp în urmă, corespondând cu directorul general de atunci al uzinei Electronica, Dumitru Felician Lăzăroiu, mi-a scris un e-mail în care pomeneşte de faptul că a făcut demersuri pe lângă profesorul Cartianu pentru a încheia un contract de colaborare pentru stabilirea tehnologiei de fabricaţie, la care profesorul i-a răspuns că nici dânsul şi NIMENI din Politehnică nu pot rezolva problemele respective. Abia acum înţeleg de ce profesorul Cartianu a propus, iar directorul general a susţinut deplasarea unei echipe în străinătate.

Revenind la radioreceptorul Enescu, s-a apreciat că s-a economisit importul unui know-how. Faptul că inginerul stagiar era femeie a creat însă suspiciuni, care au amplificat uneori dificultăţile legate de lansarea lui în fabricaţie. Directorul nostru general a subliniat în mod justificat şi repetat condiţiile asigurate pentru colaborarea între producţie, cercetare şi învăţământ pentru a atenţiona asupra amploarei acţiunii şi a dificultăţilor parcurse şi care pot interveni în continuare până când MF va deveni rutină, lucru care s-a petrecut abia peste vreo doi ani.

Noi cei implicați direct am primit fiecare câte o primă mai consistentă. Țin minte că a mea a fost egală cu un salariu lunar, lucru care m-a bucurat nespus, fiindcă peste câteva luni cu ea am cumpărat primul nostru aragaz, tot de producție românească. Fac această mențiune pentru a înțelege nivelul de salarizare și premiere din acei ani, în raport cu pretențiile de astăzi. Am fost felicitați personal de director și în plus mie mi-a spus: Dacă erai mai isteață și terminai lucrările până la 1 Mai uzina putea primi Ordinul sau cel puțin Medalia Muncii, așa cum a primit Victor Toma și colectivul din IFA. În ciuda momentului festiv i-am răspuns acru:

- Dumneavoastră ați văzut calculatorul menționat? E un aparat cu peste 1500 de tuburi iar receptorul Enescu abia dacă are 8. În plus acel aparat chiar e unicat în România.

- Da, dar Enescu se face în mii de exmplare, e un produs industrializat, iar școlarizarea în fabricația MF este esențială pentru producția de televizoare pe care o vom începe la anul, pe când al lui Victor Toma e doar o intenție, ca o femeie: frumoasă, deșteaptă, dar inutilizabilă.

Când am auzit spusele directorului chiar am crezut că o distincție acordată uzinei, la un an de când fabrica Radio Popular se transformase în uzina Electronica, ar fi fost binevenită. Nu ne-ar fi stricat o recunoaștere oficială, fiindcă știam de la profesorul Răduleț că: Pe medie, românii au un nivel de inteligență ceva mai ridicat decât al vesticilor. Mai rămânea de demonstrat că, alături de inginerul Victor Toma și poate mulți alții necunoscuți de mine în acel moment și noi cei din Electronica, eu ca proiectant, alături de colectivul cu care am lucrat la punerea în fabricație am încercat să demostrăm capabilitatea românilor și zic eu că chiar am reușit.

A fost o colaborare frumoasă, fără rivalități sau invidii evidente, eram tineri toți și trăiam romantismul profesiei. M-am bucurat de ajutorul colectivului fiindcă niciodată n-am minimizat efortul nimănui din cei cu care am lucrat și în acea epocă de lipsuri și ură am creat un microunivers cu oameni pasionați și de bună credință la care conta valoarea. Asta m-a ajutat să depășesc toate mizeriile unui regim obtuz în care trebuia să-mi desfășor activitatea. Și am mai făcut ceva, mi-am dovedit mie însămi că pot aborda un domeniu tehnic oricât de dificil ar fi fost el, contrar prorocirilor invidioşilor şi comozilor care-mi cântau deja prohodul încă de la excluderea mea din UTM în anul I de facultate. La aceea dată eram singura din seria mea care proiectasem şi industrializasem un produs care s-a executat apoi în mii de exemplare. E drept că cel puţin industrializarea s-a făcut cu aportul multor ingineri de diverse specialităţi: electronişti, mecanici, chimişti, dar am fost cea care am organizat şi condus un colectiv care m-a ajutat fiindcă fiecăruia i-am explicat rolul şi sarcinile, am colaborat cu ei şi s-au bucurat de aprecierea mea şi de recunoaşterea eforturilor lor în faţa forurilor superioare. Am avut în meserie o mare calitate, zic eu, socotită de unii un mare defect: n-am putut fi invidioasă pe succesele nimănui, iar singurul termen de comparaţie erau pretenţiile mele. Când eu eram multumită de ce făcusem nu mai era loc de mai bine şi tot colectivul era mulţumit. Tăticu îmi inoculase ideea că ingineria este o meserie de echipă, ca vorba lui Edison: Geniul este 99% transpiraţie şi 1% inspiraţie. Iar acel inginer Crişan care la angajare m-a acuzat că sunt fiică de burjui şi că m-am născut pe trandafiri în timp ce el s-a născut pe paie şi care a refuzat să se alăture colectivului meu, deşi aveam nevoie de specialitatea lui, mi-a spus la sfârşit: Nu credeam c-ai să reuşeşti, dar se pare că tu şi din iad ai putea face o grădină cu flori. O scuză similară aveam să mai primesc peste vreo 15 ani de la ministrul Cioară, care între timp îmi ajunsese şef.

La Electronica am lucrat din 5 august 1956 până în 5 august 1961, adica 5 ani. Se născuse fiul meu şi nu mai puteam accepta să lucrez zi lumină trebuia să-i acord şi lui timpul cuvenit. Aşa că am trecut (prin demisie, fiindcă nu mi s-a acceptat transferul) la Institutul de Cercetări Electrotehnice (ICET) la Secţia Calitate, unde fiind la început singurul inginer electronist, am avut sarcina să întocmesc buletinele de omologare pentru toate produsele electronice ale ministerului, deci ca să mă laud un pic, între anii 1961-1969 toate produsele electronice introduse în fabricţie la Electronica, IPRS, FEA, FCME, Electromagnetica, ş.a. au fost măsurate sau cel puţin verificate de mine şi pe buletinele lor de omologare există semnătura mea, care devenise ea însăşi un certificat de garanție. În paralel cu omologarea am primit sarcina să organizez laboratorul de Siguranță în funcțioanare (fiabilitate) a produselor electronice (primul din țară), al cărui șef am fost, laborator care a definit teoretic și experimental parametri de fiabilitate ai tuturor produselor electronice de atunci, dar în mod special ai aparatelor de radio. Au fost elaborate standarde și norme corespunzătoare cuprinzând parametri, metode de prelevare, măsurare și prelucrare a datelor. Pe baza acestora, Uzina Electronica a reușit să-și compare produsele cu ale altor țări și să acționeze pentru îmbunătățirea lor (unde era cazul) pentru ca aparatele noastre să poată fi exportate. Și din 1967 a început exportul de radioreceptoare în țări din vest, precum: Anglia, RFG, Franța, pentru că noi știam unde ne aflăm în raport cu alte produse similare străine cu care ne întâlneam pe acele piețe. Exportul Uzinelor Electronica a continuat până la finele anului 1989, atât cu radioreceptoare și televizoare cât și cu linii tehnologice. Electroniștii au ajuns la un moment dat elita muncitorilor din București; era un titlu și un loc râvnit, iar acum mulți au devenit căpșunari în Spania. Românii sunt oameni inteligenți și pot mai mult decât atât, dovadă că după 1989 cel mai mare succes al IPRS-ului a fost faptul că peste 100 de ingineri au fost acceptați și lucrează și în prezent în Silicon Valley din SUA, care reprezintă vârful tehnologiei mondiale în domeniul semiconductoarelor.

Gheorghe Cartianu-Popescu (n. 8 august 1907, Borca, Neamț, d. 26 iunie 1982, București)

A fost un cunoscut profesor universitar, cercetător de valoare mondială, inventator, inginer și membru al Academiei Române.

S-a specializat în domeniul radiocomunicațiilor.

A realizat primele instalații românești de emisie cu modulație de frecvență, de concepție proprie, cu care s-au efectuat primele emisii experimentale, pe unde metrice, în România (1947 - 1950).

A avut cercetări și numeroase lucrări în domeniul teoriei și practicii modulației de frecvență.

De asemenea, a contribuit la organizarea și dezvoltarea învățământului românesc de radiocomunicații.

A fost căsătorit cu eseista și traducătoarea Ana Cartianu.

S-a născut în comuna Borca, o localitate pitorească din județul Neamț.

Începe cursurile școlii primare în comuna natală și le termină în comuna Dubrovăț, jud. Iași, unde tatăl său fusese mutat în interes de serviciu.

În 1918, tatăl său este mutat din nou în interes de serviciu la Bacău, unde tânărul Gheorghe Cartianu va urma cursurile liceului din localitate, până la absolvire (1926).

În același an devine student la Facultatea de Electrotehnică (Politehnica din București).

În paralel cu studiile la Politehnică urmează și Facultatea de Matematică, la Universitatea din București.

În 1932, Gh. Cartianu obține titlul de diplomat inginer al Școlii Politehnice din București, secția electrotehnică.

În anul 1968 obține titlul de doctor inginer cu lucrarea "Modulația de frecvență", iar în 1970 devine doctor docent.

Din anul 1933, inginerul Gh. Cartianu este angajat de Societatea de Radiodifuziune, pentru a lucra la Studioul București și la stația de emisie Otopeni.

Un an mai târziu, 1934, este solicitat de profesorul Ernest Abason să preia postul de asistent la cursurile de matematici speciale și geometrie descriptivă în Școala Politehnică.

În același timp prof. Tudor Tănăsescu îl solicită și ca asistent la cursul nou înființat de radiotelecomunicații.

În anul 1937, renunță la postul de la Societatea de Radiodifuziune și rămâne ca asistent la catedra de Radiocomunicații, dedicându-se cu pasiune cercetării, proiectând și realizând numeroase instalații. În 1940 publică o serie de articole privind stabilitatea sistemelor electrice liniare și neliniare, prin care a formulat noul criteriu de stabilitate, cunoscut sub numele de "Criteriul Cartianu-Loewe". În același an a devenit colaboratorul unor reviste ca: L'Onde Electrique, Electronics Letters, Annales des eletrocommunication.

Rezultatele cercetărilor sale au fost publicate în reviste românești ca: Telecomunicații, Buletinul Institutului Politehnic din București, Memorii și Monografii ale Academiei Române.

Continuând activitatea didactică, în anul 1948, este avansat conferențiar la catedra de radiocomunicații unde predă disciplinele linii și antene, aparate și instalații de radiotehnică și electricitate.

În 1949, realizează prima legătură cu radiorelee din țară, între studiourile din București și stația de emisie Tâncăbești, utilizând o stație de emisie de concepție proprie.

În anul 1951, construiește o instalație originală cu care efectuează emisiuni și recepții pe unde ultrascurte cu modulație de frecvență, demonstrând superioritatea acestora față de modulația de amplitudine.

În 1952 este numit șef al Catedrei de radiocomunicații, și predă cursul de bazele radiotehnicii.

În anul 1963 este ales membru corespondent al Academiei Române.

Lista lucrărilor științifice publicate de Gh. Cartianu, cuprinde 75 de titluri, dintre care în reviste de specialitate a publicat subiecte despre: stabilitatea sistemelor electrice lineare și nelineare, modulația de frecvență; sinteza rețelelor electrice în domeniul timpului și frecvenței, sisteme de comunicație tip releu sau radio dispecer.

A publicat nouă tratate de mare valoare pentru specialiști.

A pregătit mii de studenți și 47 de doctori ingineri, pe care i-a îndrumat și cărora le-a formulat subiecte de teze.

Cele mai impresionante amintiri au fost relatate de doamna Ana Cartianu-Popescu, născută Tomescu, soția sa, cu care s-a căsătorit în anul 1930 (pe atunci asistentă de limba engleză la Universitatea București). Doamna Cartianu-Popescu a fost profesoară și decan la Facultatea de Limbi Germanice, ea însăși o personalitate în domeniul didactic și cultural.

Au locuit într-un apartament frumos amenajat, situat pe strada Tudor Ștefan nr. 4. Fiecare avea biroul său și biblioteca proprie, cu cărți de specialitate. Nu întrețineau relații mondene, cea mai mare plăcere a soților fiind studiul și cercetarea științifică. Doamna Cartianu-Popescu a scris: „...Am trăit o viață întreagă ca doi studenți, fiecare cu locul și preocupările sale, cu lucruri simple, mărginindu-ne la membrii familiei, prieteni din tinerețe și colegii de profesie. În dialogul nostru interdisciplinar, îmi vorbea adesea despre proiecte și căutări științifice, ceea ce îi deschidea perspectiva voiajului imaginar al unui veșnic tânăr căutător în lumea cunoașterii".

S-a stins din viață la 26 iulie 1982, în plină activitate creatoare.

Toate realizările care îi poartă semnătura – invenții brevetate, instalații proiectate și realizate, articole și tratate publicate – sunt mărturie a marii sale personalități și îi atestă un loc important în istoria electrotehnicii și învățământului superior românesc.

www.ingramcontent.com/pod-product-compliance
Lightning Source LLC
Chambersburg PA
CBHW070247190526
45169CB00001B/328